让前方一路阳光

YILU YANGGUANG

晓霞 编著

蝴蝶如要在百花园里得到飞舞的欢乐,那首先得忍受与蛹决裂的痛苦。

煤炭工业出版社
·北京·

图书在版编目（CIP）数据

让前方，一路阳光/晓霞编著． - -北京：煤炭工业出版社，2018（2022.1重印）
ISBN 978-7-5020-6486-0

Ⅰ.①让… Ⅱ.①晓… Ⅲ.①人生哲学—通俗读物 Ⅳ.①B821-49

中国版本图书馆 CIP 数据核字（2018）第 020261 号

让前方 一路阳光

编　　著	晓　霞
责任编辑	马明仁
编　　辑	郭浩亮
封面设计	浩　天
出版发行	煤炭工业出版社（北京市朝阳区芍药居35号　100029）
电　　话	010-84657898（总编室）
	010-64018321（发行部）　010-84657880（读者服务部）
电子信箱	cciph612@126.com
网　　址	www.cciph.com.cn
印　　刷	三河市众誉天成印务有限公司
经　　销	全国新华书店
开　　本	880mm×1230mm $^1/_{32}$　印张　$7^1/_2$　字数　150千字
版　　次	2018年1月第1版　2022年1月第4次印刷
社内编号	9366　　　　　　　定价　38.80元

版权所有　违者必究
本书如有缺页、倒页、脱页等质量问题，本社负责调换，电话:010-84657880

前 言

　　人的一生，成功、事业、财富、金钱、幸福、亲人、朋友、地位、权势，到底什么才是最重要的？有的人一生追求物质上的享受，成为金钱名利的奴隶，到最后，人生的享受只限于物质上的，有的人会因此而万分满足，也有人会空虚、会被寂寞包围，甚至后悔。一个关注精神世界的人，把一生都用到求学、提高心智上，而忽略了物质上的追求，有的人会因为精神上的富足而无悔，也有人会因为物质生活的潦倒而动摇、懊悔。无论人生得到什么，这一切都是人们向宇宙所求得的。虽然人与人不同的价值观决定了不同的人生和不同的命运，但可以肯定的是，正能量能够成就美好的人生。

　　那么，什么是正能量呢？所有积极的、健康的、催人奋进的、给人力量的、充满希望的能量，就是正能量。只要是为了好的结果、好的方向，有益于公众、集体利益的行为，我们就可以称之为正能量。

　　本书就是结合生活中所发生的一切，向我们展示了强者的生存法则，让我们从中不仅能够获得人生启示，更重要的是指出了从普通人走向精英阶层的奥秘。

目 录

|第一章|

与正能量一路同行

自立 / 3

自信 / 5

自尊 / 7

责任 / 10

毅力 / 14

善良 / 18

宽容 / 19

果断 / 24

勇敢 / 26

热情 / 29

勤奋 / 33

节俭 / 35

爱心 / 38

学习与思考 / 41

|第二章|

善待生命

珍惜生命，为生命祝福 / 45

善待生命，好好活着 / 49

简单生活就是享受生活 / 54

别让挥霍成为一种病 / 58

知足才能常乐 / 63

攀比夺走了你的快乐 / 67

快乐其实很简单 / 71

快乐地做琐碎的事情 / 76

走自己的路 / 79

嫉妒是人生的毒药 / 84

与人分享 / 89

|第三章|

尊重你的工作

薪水，不是工作的全部 / 97

我工作，我快乐 / 102

选择你最感兴趣的工作 / 106

做你最擅长的事 / 110

热爱你的工作 / 114

将敬业当成一种习惯 / 119

清晰目标，明确梦想 / 126

逐步实现你的目标 / 130

你无法独自成功 / 134

在合作中寻找快乐 / 139

学会管理时间 / 144

轻松化解工作压力 / 150

|第四章|

做自己的主人

正视自己，善待自己 / 157

你的人生，你做主 / 163

宽容更有力量 / 168

人际交往要以诚相待 / 173

要按自己的意愿行事 / 178

不要违背心的意愿行事 / 182

战胜自卑情绪 / 186

适可而止，切莫贪图 / 190

放飞心灵，还原本性 / 195

|第五章|

拥有健康

健康新概念 / 201

睡出健康来 / 204

戒除影响健康的生活习惯 / 208

坏习惯毁健康 / 213

常用健身方法 / 216

随时随地都可以锻炼身体 / 220

不要讳疾忌医 / 227

第一章

与正能量一路同行

第一章　与正能量一路同行

自立

　　　　流自己的汗，吃自己的饭，自己的事自己干，靠人，靠天，靠祖上，不算是英雄好汉。

　　李嘉诚，众所周知，是香港地区巨富。他在教育孩子方面，有自己的独到之处。对于孩子的人格和品性的培养，他是非常在意的。当两个儿子成长到八九岁时，他就开始让孩子们参加董事会，让他们列席"旁听"，偶尔还会让孩子们"参政议政"，他的目的主要是要让孩子们学习他"不赚钱"用自立、自信、自尊制胜的门道。

　　几年后，他们都以优异的成绩取得美国斯坦福大学的毕业资格，两个孩子都想在父亲的公司里施展抱负，成就一番事业，然而被父亲果断地拒绝了："你们还是自己去打江山，让实践证明你们是否合格,然后再到我公司来任职,现在我公司不需要你们。"两个孩子相继去了加拿大,一个从事地产开发,另外一个从事投资银行的工作。在这个过程中有许多难以想象的困难都被他们克服了,他们不仅把公司和银行办得蒸蒸日上,而且也成了加拿大商界出类拔萃的人才。

　　事实证明,父亲的"冷酷无情",把孩子们逼上自立、自强之路,不仅锻炼了他们的勇敢、坚毅,而且也造就了他们不屈不挠的人格和品性。

第一章 与正能量一路同行

自信

　　自信心有一种力量，它能够把你自己提升到无限的巅峰，你的思想此时也充满了力量。它是人心智的催化剂，给人以心灵的指引。如果把信心与思想结合起来，你的潜意识中的心灵就立刻接收到震波，随之会将震波转化为精神的对等，然后再将这种精神的对等物传送到"无限的智慧"。

　　有一个小女孩时常低着头，她的名字叫宁宁。她一向很自卑，总是觉得自己长得不美丽。有一天，她到饰品店去买了只蓝色蝴蝶结。她戴上蝴蝶结很漂亮，店主不住地赞美她。宁宁虽然并不相信，然而她却很开心，高兴得昂起了头，想让大家看看她漂亮的样子，以至于在出门时与人撞了一下都没在意。

　　宁宁走进教室，正好迎面碰上班主任。"你昂起头来真美！"班主任爱抚地拍拍她的肩说。

就在她戴蝴蝶结那一天，有许多人赞美她。宁宁心里默默地想，她之所以受到许多人的赞美，蝴蝶结功不可没。当站在镜子前时，她才发现头上根本就没有蝴蝶结，这才想到一定是出饰品店时被人碰掉了。

自信原本就是一种美丽，而很多人却因为太在意外表而失去很多快乐。贫穷抑或富有，美若天仙抑或长相平平，只要昂起头来，快乐就会与你相随，而且会使你变得可爱迷人——每个人都喜欢的那种可爱。

第一章 与正能量一路同行

自尊

> 无论是在别人眼前或者自己单独的时候,都不要做一点卑劣的事,最为要紧的是自尊。

作为一个人,要有脊梁,要有无畏的气概,这是做人最起码的操守。自私与妄自尊大都不能称为自尊。尊重自己体现为自尊,它是人的一种道德情感。有自尊的人,对于别人的歧视与辱没这种事情是不允许发生在自己身上的。能够使人类认识到自身的权利和人生价值,继而产生出来的一种自豪感和自爱心都是自尊。它是一种积极的行为动机,使人合理地维护自己的尊严,对于克服各种困难和自身的弱点都有一定的积极作用。

长相平平的小姑娘爱上了一个王子。每一个见过风流倜傥、才华横溢的王子的女孩儿,都会为他倾心。众多的皇亲国戚一次又一次地前来提亲，都被王子拒绝了，因为他没有看上那些姑娘。

一次，姑娘鼓起勇气来到王子家，走到王子面前对他表达了自己深深的爱意。王子非常欣赏这位姑娘的勇气，尽管她并不算花容月貌，也不是迷人可爱，可是却丝毫没有抹杀她身上那份高贵的气质。这深深打动了王子，他很想接受女孩的感情，但转念一想，如果就这样轻易地接受，她会觉得他太过轻浮。想到这，他就对姑娘提出了一个要求，如果姑娘能够在他家门前跪半个月来证明她的真心，他就娶她。

女孩是爱王子的，她为了证明自己的真心诚意，决定履行王子的要求。五天过去了，这个过程是艰苦的，女孩坚持住了。又过了十天，女孩的肩膀瘦削了，但她却依然保持直挺的身躯，并在心里暗暗告诉自己，坚持住，我一定会成功的。终于到了半个月，女孩依然在跪着，王子看到后，心里非常高兴，他终于能够找到自己心爱的姑娘了，明天就可以和自己倾心的姑娘永远在一起了。

临近尾声，姑娘摇晃着站了起来，脸色惨白，但却依然浮现着淡淡的笑容。

第一章　与正能量一路同行

　　站在她身旁的王子感到很惊讶，就要坚持到最后了，为什么要放弃呢？女孩用异常平静的语气坚定地回答说："我用半个月来证明我是爱你的，是真心的，然而我依然要走，你这种无理的要求我无法接受。"女孩走了，她把爱情留下了，同时也把自己的自尊带走了。

　　爱情与自尊，当你面临这种情况时，你会做何选择呢？女孩的选择是对的，也许爱情很美好，可是舍弃了自尊的爱情还会让你留恋吗？

　　著名画家徐悲鸿有句名言："傲气不可有，傲骨不可无。"是呀，我们不应该在取得成绩时骄傲自大，不应该忘乎所以、不可一世，更不应该丧失自尊用作践自己的方式去讨好别人。

　　我们的传统文化教给我们，做人须自尊自爱，在品格与行为上对自己要严格要求。只有自爱的人，才能被人爱。自尊，才能被人尊。自轻自贱之人是永远不会获得别人的尊重与信任的。

　　充满自尊的生活，是值得称道的完美生活。微笑地面对挫折，不乏是一种极高的人生境界。你可以没有掌声与鲜花，不能没有自尊。自尊所提供给生命的是永远的真实、能量与精神动力。人尊人重，人敬人高。

责任

> 对一切事情都喜欢做到准确、严格、正规，这些都不愧是高尚心灵所应有的品质。

你是否经常不信守承诺？这样做的结果会使你失去家人及朋友的信任。你是否经常不守时间？这样做的结果会引起他人的责备和事情的延误。你是否经常做事情拖拉和懒散？这样做的结果会使你自己的生活像一团乱麻。看似生活中的一些小事情，但却能反映出你对人对己的责任心。没有责任心，将使你的生活混乱不堪。

有这样一个故事：

为了能够使狼恢复它的野性，管理员决定对动物园里的三只狼进行放生。因为狼爸爸比较强壮，管理员认为它的生存能

第一章 与正能量一路同行

力要强于其他两只狼。第二天清晨,管理员将狼爸爸送到了森林里,让它投入大自然的怀抱,自由生长。

经过了一个星期,管理员总是能够看到狼爸爸在动物园周边停留,看起来比在动物园时瘦了些。管理员很为狼在野外的生存担心,或许在园里待久的动物,到了野外根本就生存不下去,或许它们的野性再也难以找寻回来。这时,管理员把小狼也放了出去,只见那头无精打采的老狼立刻神采奕奕,带着小狼向森林深处飞奔。自从小狼和父亲离开后,一直很少回动物园,只是偶尔回来看看母狼。每每回来之时,管理员能够看到它们较以前强壮了很多。是到母狼出园的时候了,当管理员把母狼放走后,这一家三口再没有在动物园周边出现过。管理员相信,它们在野外会生活得很好。

针对这一现象,动物园管理员作出了这样的解释:"为了照顾小狼,狼父亲必须得捕到食物,否则,幼狼就会挨饿。公狼有照顾幼狼的责任,尽管这是一种本能,正是这种责任让它俩生活得好一些。母狼被放出去以后,公狼和母狼共同有照顾幼狼的责任,而且公狼和母狼还需要互相照顾。这三只狼互相照顾,才能够重回大自然,开始新的生活。"

生活之中,你应该担负责任,因为如果你推卸责任就意味着失去了在这个世界上一切你所珍惜的东西。亲情缔造的责任使你感到幸福,友情链接的责任使你感动,爱情构筑的责任使你忠诚,工作赋予的责任使你独立。责任是一种生存的法则。无论对于人类还是动物,依据这个法则,才能够存活。

这里还有一个真实的故事:

在傍山的游乐场里,一个人见人爱、美丽迷人的小宝贝在父母的怀中幸福开心地笑着,一家三口把公园的美景尽收眼底。为了能够更全面细致地欣赏美好风光,他们一起坐上了观光的高空缆车。然而,他们并不知道,灾难正在向他们步步紧逼。

高空鸟瞰这里的景色,真是一览无余、美不胜收。全家人都兴高采烈。一瞬间,缆车正以惊人的速度从高空下落。坐缆车的所有人突然意识到悲剧降临到他们的头上了。

由于缆车距离地面很高,所以不可能有人生还。可是令救生人员震惊的是,他们奇迹般地发现了一个两三岁大的小孩儿,在大声地哭喊着爸爸妈妈,小宝贝是唯一的幸存者。

据营救人员讲,缆车在下坠时,一定是他们将宝贝高高托

第一章　与正能量一路同行

起,年轻的父母用自己的身躯阻挡了缆车下坠时致命的碰撞,这一挡就真的保住了孩子一条性命。

目睹了这一切的所有人都为年轻的夫妇肃然起敬,这其中不只是对生命的尊敬,还有对于他们在生命最后一刻还担负着保护孩子的责任,让人震撼。

责任是生存的基础,无论对于动物还是人类。责任确保了生命在自然界中的延续,每个人的生命个体都很脆弱,彼此需要关怀和帮助。当你在艰难前行的时候,需要有人能拉你一把。

毅力

> 生活中绝大多数人会轻易放弃自己的目标，只要稍微碰到一些困难或挫折，就停滞不前，只有少数人能够克服困难与阻力继续前进，直到实现他们的目标为止。

有这样一个在政坛上叱咤风云的女人：

她用一种执着的精神、强硬的工作作风征服了整个世界政坛。她不是别人，正是玛格丽特·希尔达·罗伯茨，撒切尔夫人的原名。她以坚韧不拔的顽强性格站在英国政权的巅峰，雄视天下。

玛格丽特小的时候就接受了很好的教育，除了学习学校的各门课程之外，还参加了各种补习班，学习钢琴，经常听听音乐会。在她的成长过程中，父亲的教育对她的影响很深。一次，小

第一章 与正能量一路同行

玛格丽特很想与小朋友一起出去玩儿，可是她的父亲却不允许，并且还告诉她："不要仅仅因为别人做了那样的事你也跟着做，或想去做。拿定主意你要去做什么，说服别人跟你一起走。"从这以后，她一直遵循着父亲的规劝，沿着不同寻常的目标努力，使她养成了坚强刚毅的性格、独立顽强的精神。

长大后，玛格丽特在英国著名学府牛津大学就读。她阴错阳差地考取了化学系，而她本人更加喜欢法律专业，可是她并没有放弃自己的爱好，甚至在大学期间，用在社会政治活动的时间远远超过了她用在实验室做实验的时间。她钦佩丘吉尔首相，立志要做他那样的一个人。但她深深地知道，通往这条首相之路并非坦途，况且她还是女性，身为女人要想跻身政界、占有一席之地是十分困难的。但是她有着坚韧不拔的性格，有着一种挑战的欲望，以及一种不服输的精神。

经过几年不懈地努力和五次竞选议员失败的洗礼，她在24岁时终于当选为保守党下院议员。这为她的政治生涯写下了重要奠基的一笔，也为实现她的政治理想向前迈了一大步。在1971年，她又出任英国的教育大臣，成为保守党历史上第二个进入内阁的女性。她上任后，针对教育中的某些弊端，提出了自己的看法和改进意见，引起了民众的争议。可是她并没有因为民众的争议而裹足不前，相反她还说："一个人如果总是迎合别人，不要别人批评，那么，他必将一事无成。"面对民众的反对，她说："我照旧做下去。"如果没有过人的毅力，她是不会承受住社会各界的舆论压力的，会作出妥协和让步。

竞选需要演讲，以阐述自己的施政纲领。但撒切尔夫人的口音和演讲技巧，都有需要改进和提高的地方。为了使这些不利因素变成有利因素，她进行了细致系统地学习。经过一番刻苦的训练，她以一个崭新的形象出现在公众面前。她能够在很短的时间内克服自己的不足，这足以说明她性格的坚强和超越自我的精神。1975年，撒切尔夫人竞选保守党领袖成功，理所当然地成了英国历史上第一位女首相。

撒切尔夫人有一个不能改变的性格，就是在处理各种问题以及实施内外政策的时候，会坚持强硬的观点和立场，不留任何余地，这也形成了她的工作作风，尤其是对苏联毫不妥协、让步的强硬态度。当她遇到一系列棘手的困难，她毫无退缩之意，以顽强的毅力面对一切困难。

你的责任与毅力的有无，在很大程度上影响你的人生和你的前途。负责任是一种生活态度，不负责任也是一种生活态度。如果责任成为一种习惯时，就会慢慢成了一个人的生活态度，你就会自然而然地去做，而不是刻意去做。当一个人自然而然地做一件事时，就不会觉得麻烦和劳累。有了责任心，而没有恒久的毅力为支撑，也如昙花一现，美了瞬间，却未必能留下永恒。

善良

> 善良的行为有一种好处,就是使人的灵魂变得高尚了,并且使它可以做出更美好的行为。

有这么一个武士来到师父身旁问道:"师父,您能告诉我什么是善,什么是恶吗?"只见他的师父轻蔑地看了他一眼,说你这种粗俗、鄙陋的人,还配和我谈善恶。武士愤怒了,突然拔出了刀,架在师父的脖子上,气愤地说:"糟老头,我要杀了你!"这时师父平和地说:"此为恶也。"瞬间武士便明白了,原来易怒的情绪是恶,他于是把刀收回鞘中。师父又平和地说:"此为善也。"武士听明白了,心情平和就是善,于是跪下来向师父拜谢。

第一章 与正能量一路同行

宽容

> 对你自己的宽容，体现为宽容别人。在宽容别人的同时，也为你生命中多增加了一些空间。宽容是种美德，大事要宽容，小事要宽容。

生活中善于宽容的人，无疑也是容易获得幸福与内心满足的人。有宽容的人生路上，才会有关爱和扶持，才不会有寂寞和孤独；有宽容的生活，会让你的人生少一些雷雨，多一点儿温暖和阳光。宽容永远都是一片艳阳天。

有这样一个故事，一位老禅师在禅院门口打坐，不多时，他站起身缓慢地向院落走去。当看见立在墙角的椅子时，他恍然大悟，一定是有弟子私自出去玩儿，违反寺规越墙而去。只见老禅师面不改色，他把椅子放到了别处，并且在椅子处静蹲。过了一会儿,果然有人偷偷越墙回来,小和尚踩着"椅子"下到地面,天色被黑暗所笼罩。小和尚双脚落地时,"椅子"居然"站"了起来。小和尚此时才意识到,刚才踩到的不是椅子而是师父。他目瞪口呆,惊恐万分。然而,令小和尚出乎意料的是,师父并没有责怪他,反倒是告诉他天冷了,多加些衣服。给一次机会并不是纵容,不是免除对方应该承担的责任。人都需要为自己的行为负责,任何人都要承担各种各样的后果。宽容是一种坚强,而不是软弱。宽容的最高境界是对众生的怜悯。

你可以想象到老禅师在说过这些话以后,他徒弟的心情,在这种无声的宽容教育中,徒弟不是被惩罚了,而是被教育了。懂得该宽容什么的人同时也是一个智慧的人。

宽容是在荆棘丛中长出来的谷粒。

一次,细心的理发师在给周恩来总理刮胡须时,总理突然咳嗽了一声,刀子立即把他的脸给刮破了。理发师十分紧张,不知所措,但令他惊讶的是,周总理非但没有责怪他,反而和蔼地对他说:"这不是你的错,我在咳嗽前没有向你打声招呼,你当然不知道我要动了。"这虽然是一件很小的事情,却让大家看到了周总理身上的美德——宽容。

别人与你的意见不一致时,你也不会强迫对方接受你的观点,这体现为宽容。去了解对方想法的根源,并找到他们意见提出的基础,就能够设身处地为别人着想,提出的方案也更能够契合对方的心理而得到接受。提高效率的唯一方法,就是消除阻碍和对抗。每个人都有自己对人生的体验和看法,你应该尊重他人的知识和体验,并且积极吸取其中的精华,为己所用,做好扬弃。

一次,科学家普鲁斯特和贝索勒展开了一场长达9年的争论,定比定律是他们争论的焦点,双方各执一词,不肯退让。争论的结果是普鲁斯特胜利了。定比这一科学定律的发明者的桂冠,被普鲁斯特摘取。然而,他并没有因此沾沾自喜,反倒真诚地对曾经和他激烈论战过的贝索勒说:"如果没有你的质疑,今天就没有我深入研究的这个定比定律。"

与此同时,普鲁斯特特别向公众宣告,定比定律的发现不只是他一个人的功劳,还有贝索勒的功劳。

不计较别人的反对与态度,还长于发现别人的优点,并吸收其精华,是让人感动的宽容。

这个世界上每个人都会犯错误，都会有被人落井下石、被别人的恶意伤害的经历，这些痛在当时留下了难以抹平的伤痕。然而，随着时间的流逝，要能够坦然面对那些落在身上的痛，并且学会用一种宽容的心去面对，不仅觉得自己并没有损失，反而因此从中获益，让自己的心志得到了磨炼。如果仅仅把目光盯在别人的错误上，思想就会变得沉重，对人对事都会有一种不信任的态度，让自己的思维受到限制，同时也限制了对方的发展。背叛，也可以容忍。坚强的人是能够承受住他人背叛的。

在官渡之战，曹操彻底打败了袁绍。他的士兵在打扫战场的时候，向曹操报告说，袁绍的档案中存有许多我方官员写给袁绍的书信，有人提出建议，应该把这些人全部找出来，将他们全部杀掉。出乎手下人的意料，曹操说："将这些书信烧了吧，这件事情到此为止。"他的部下非常不解，与敌营私通的人为什么还要留下，不杀头也就罢了，怎么还能一点儿不追究呢？只听曹操说，以前袁绍那么强大，整个河北那么大的地方都被他统治着，我都心里没数，更何况是他们了。他们想给自己留个后路，情有可原嘛。

曹操的宽容才是真的宽容。正是他的宽容，才使他统一了北方，为今后三国归晋打下了坚实的基础。

  宽容就是忘却。人人都有痛苦，忘记昨日的是非，忘记别人先前对自己的指责和谩骂，时间是良好的止痛剂。学会忘却，生活才有阳光，才有欢乐。斯特恩曾说："只有勇敢的人才懂得如何宽容；懦夫绝不会宽容，这不是他的本性。"那么从现在起，你是去做个勇敢的人，还是做个懦夫呢？

果断

> 一头愚蠢的山羊，在两堆青草之间徘徊，左边的青草鲜嫩，右边的青草多一些，它拿不定主意，最终饿死在它的徘徊不定中。

物犹如此，人生旅途中的我们又何尝不是如此呢？周末你有课业需要完成，可这个时候正好有你期盼已久的直播球赛，你是要继续写作业，还是去看球赛呢？每个人每时每刻都要作决定，这个时候需要果断来为你领航。在人生中，思前想后、犹豫不决固然可以免去一些做错事的可能，但同时也会失去更多成功的机遇。执迷不悟、一意孤行的固执并不可取。你要正视现实，果断地放弃那些使你力不从心却又苦撑硬撑的执着。当你作出清醒的决定之后，你的意志就找到了支点，所有的事物将变得单纯、明朗、宁静，你会很开心，满足于自己的果断。

一天，小男孩军军在外面玩耍时，惊奇地发现一个鸟巢被风从树上吹落在地，只见一只嗷嗷待哺的小家伙从鸟巢滚了出来。他作了决定，要把小鸟带回家里喂养。

军军一边捧着鸟巢，一边在想，妈妈不允许他在家里养小动物，他很担心被妈妈批评。当他走到家门口的时候，举棋不定，应该怎么办呢？只见他轻轻地把小麻雀放在门口，跑进屋去请求妈妈。军军苦苦地哀求妈妈，最后妈妈同意了军军的请求。

当军军兴奋地跑到门口时，小鸟已不见了踪影，这时，他看到一只黑猫正在有滋有味、意犹未尽地舔着粘着羽毛的嘴巴。为此，军军伤心了很久。这件事情以后，军军记住了一个教训，自己认定的事情，千万不可优柔寡断。长大后的军军成就了一番伟业，都源于儿时那果断的一课，把那些忧心的烦恼抛之脑后，把那些失败和沮丧全部忘掉，把那些痛苦的记忆封藏，把那许多的过去坚定地踩在脚下。我果断，我清醒；我果断，我成长。

勇敢

> 把你的眼光再放远些,设定好自己的人生目标,为成就一番事业而努力拼搏,勇敢地面对自己,面对生活。

欢欢走到父亲身边,对他抱怨说:"为什么事事都那么艰难,一个问题还没有解决,又出了另外一个问题,生活为什么总是这个样子。"应付生活对欢欢来说,是件很困难的事情,她没有了生活的勇气,厌倦了抗争、奋斗,想自暴自弃。

爸爸带着欢欢来到了厨房,他分别向三口锅里倒入一些水,打开了燃气,几分钟后锅里的水全部沸腾、泛着水花。爸爸一句话也没有说,又将胡萝卜、鸡蛋、咖啡豆分别放进了三口锅里。欢欢聚精会神地观看着爸爸的每一个动作,过了20分钟,她溜号了,感觉也没有什么可看的,于是咂咂嘴,想要出去玩儿。爸爸看出了她的不耐烦，于是爸爸将火关闭了，将三口锅内的胡萝卜、鸡蛋、咖啡豆捞出来，分别放在三个碗内。当他把三个碗摆在欢欢面前时，转过身问她："欢欢，你看见什么了？""胡萝卜、鸡蛋、咖啡。"欢欢答道。"摸摸胡萝卜。"她摸了摸，感觉到胡萝卜有些软了。父亲又让欢欢手拿一只鸡蛋并打破它。将鸡蛋壳剥掉后，她看到了一只煮熟的鸡蛋。最后，他让她喝了咖啡。品尝到香浓的咖啡，女儿笑了。她胆怯地问道："爸爸，这是什么意思呢？"

父亲解释道，在同样的逆境面前——煮沸的开水，三种事物有不同的反应，其结果就不相同。当把胡萝卜放入锅里之前它是厚重强壮的，结实的，毫不示弱的；可是被水煮过之后，胡萝卜变软了，变弱了。没有放入水之前，易碎的是那只鸡蛋，因为仅仅有一层薄薄的外壳保护着它的蛋清和蛋黄。可是经过水煮，鸡蛋的内核变得坚硬了。独特的是粉状的咖啡豆，当它放入水中煮时，使得白水变成了咖啡。爸爸问欢欢："胡萝卜、鸡蛋、咖啡豆，你更像哪一个呢？每逢苦难找上你，你又如何反应呢？胡萝卜、鸡蛋、咖啡豆你想做哪一个？"

朋友，看到这儿，你又想做哪一个呢？那个看似强硬，可是一遇到痛苦和逆境就第一个畏缩、软弱的人，是你吗？你要当那失去了力量的胡萝卜吗？那个之前个性感情不定的人，当遇到死亡、分手、离婚或失业而变得坚强、倔强的人，是你吗？也许你的外表与从前没有两样，可是因为有坚强的性格和丰富的内心而变得强硬。你要当内心可塑的鸡蛋吗？那个豆子让给它带来痛苦的开水改变了，而且是在它最痛苦的时候，心灵得到了升华。达到沸水的高温时，它散发出醉人的芳香。如果你像咖啡豆，即使在情况最糟糕时，你也不会暗淡，反而会有一鸣惊人的表现，使得周围的一切随之改变，状况越来越好。你要当咖啡豆吗？我听到了你心灵深处的呼唤，你想像咖啡豆一样勇敢。

生活对于每个人来说，都是弥足珍贵的。你永远没有后悔的机会。所有的快乐和伤痛，所有的微笑和泪水，只代表过去。选择了生，就放弃了死；选择了希望，就放弃了失望；选择了今天，就别再留恋昨天。从现在起，调整好你的心态，对于那些失去的坦然面对，学会忍受失去，你的胸襟会变得更加宽广、豁达。

热情

> 你有信仰就年轻,
> 疑惑就年老;
> 有自信就年轻,
> 畏惧就年老;
> 希望就年轻,
> 绝望就年老;
> 岁月使你皮肤起皱,
> 但是失去了热情,
> 就损伤了灵魂。

在你的生活中,是否存在着这样一种人。他能够敏感地捕捉到生活中精彩的瞬间,他并不高大,然而胸怀却很宽广;他不刻意地去与人结交,却收获了真挚的友谊;他以自己所从事的工作为乐，不但能以更高昂的斗志去迎接生活中的每一次全新的挑战，而且还能够让这份高昂的斗志感染他身边的人；他对人真诚而且虚怀若谷……他怎么有如此大的力量呢？

一个人拥有了热情，就会有很强的感召力。与热情的人为伍，你也会充满活力之光。

有这样一个故事，说的是三个人盖房子，一个人盖一间。开始盖房的时候，第一个人比其他两个人表现得都要积极，可是几天以后，他就变得极其不耐烦，厌倦了周而复始、千篇一律的生活，心里还在偷偷地想："费这么大的力气做什么呀！又不是给我自己盖房子住。"于是，他草草地把一间房子盖好，速度比其他两人都要快。可是，盖好的房子看起来歪歪斜斜，随时就要倒塌一样。

和第一个人想法相同，第二个人盖了几天同样也感到枯燥和不耐烦，可是他转念一想："别人让我盖房子，是相信我能够将它盖好，而且还收了别人的钱，自己有责任把房子盖好。"抛开了杂念，他继续细心地盖房，认认真真地盖好了一间房，盖好的房子很坚固。

与前两个人不同的是，第三个人盖房时很开心，也很快乐，他享受着工作带来的无限快乐。他一边工作，一边在心里暗想："等房子盖好以后，在房前种一些花草，在房后再建一个游泳池，一家人其乐融融地住进来，那该多好啊！盖房子真是一件幸福的事情。"越想越高兴，他以更大的热情去盖房，盖房子的过程中他加了不少自己的创意。第三个人盖好了一间房，房子看起来牢不可破，而且还很美观。

又过了几年，三个工人在路上碰到了，彼此得知，第一个工人还继续找着工作，第二个工人仍然本本分分地给人盖房，而第三个工人则成了有名气的企业家。

有一位青年，他这样说："在我的生命中，我通常把自信、自尊和热情作为我的伙伴。因为自信使我能够应付任何挑战，自尊使我表现得更出色，热情使我有了快乐的生活。"热情是他生命中最大的财富。这种价值远远超过了权力与金钱。

在他很小的时候就喜欢看一些图标。长大后，他从事的工作就与设计有关，终于可以把儿时的梦想变成现实，他很陶醉于自己所喜欢的工作。他能够用欣赏和享受的心情去工作，而且还长久地保持着充足的热情去做事情。他平时在工作中，会从客户的角度去构想,把他们的想法付诸实践,所以他的设计作品一般都得到了客户的好评。他的理念是,只有互相沟通配合才会有更适合市场的作品出现。年轻人的观点就是,如果你换个角度去看,很有可能就有新的创意作品。热情,就像是对人有益的空气一样,是人类最好的朋友。它像一股暖流,可以使人们产生火一般的力量,勇敢地在逆境中崛起,一切的困难、失败和挫折都不能阻挡它前行的路。

　　生活是美丽的,可是很少有人会发现它的美好,甚至对它的美熟视无睹。发现生活的美好,不仅能够让你汲取到美味,而且还可以迸发出你的激情。它简直是上帝的杰作,让人们感谢上帝垂爱的同时,也把精力全身心地投入工作之中。能够以执着的奋斗向自己的目标进军,能够用拼搏之火将自己铸造成一座不朽的丰碑,能够使人以更加积极的态度去面对生活,能够使人体会到美好生活的真谛。热情有时会摧毁偏见与敌意,让那些懒惰逃跑。它还是行动的信仰,用这种信仰来指导生活,无论做任何事都会战无不胜、攻无不克。做一个充满热情的人吧!

第一章 与正能量一路同行

勤奋

有人问爱因斯坦成功的秘诀是什么时,他是这样回答的:"一共有三个秘诀:第一,艰苦的劳动;第二,正确的方法;第三,少说空话。"劳动的果实最甜美,劳动最光荣,要学小蜜蜂,用勤奋创造好生活。

一位年轻人前去一家著名的软件公司应聘,令人感觉奇怪的是,这家公司根本就没有刊登过任何招聘信息。这让经理非常疑惑不解,于是,年轻人用蹩脚的英语解释说他自己恰巧从公司经过,就贸然进来了,请总经理多多见谅。这时候总经理不再感觉疑惑,取而代之的是新奇,于是,总经理就破例让他试一试。出人意料的是,他的表现相当糟糕,面试的结果一塌糊涂。年轻人对公司经理解释说:"由于我来这之前没有任何准备，所以希望你给我一些时间准备。"当时经理以为年轻人只不过是爱面子，给自己找个托词下台阶罢了，就随口说道："那你准备好了后再来吧。"

经过了一个星期的准备，他再一次步入了软件公司的大门，然而不幸的是，这次他的努力依然没有给他带来好运。不过与第一次面试相比，进步很快。这一次经理给年轻人的回答是："那你回去准备好了再来面试吧！"周而复始，年轻人前前后后一共5次踏进这家公司的大门，功夫不负有心人，到了最后，他终于被公司录用了，而且还成了公司的重点培养对象之一。

在人生旅途上，也许前面布满了沼泽，甚至是荆棘丛生；在追求风景时，也许总是山重水复，永远看不到柳暗花明；又或许，你被那沉重、蹒跚的步履牵绊，而延缓了你前行的路。然而，你的心中却有着热情与勤奋的种子，它或许在黑暗中摸索很长时间，但依然能够寻找到光明、茁壮成长。不要让你虔诚的信念被世俗的尘雾所缠绕，你要自由地翱翔；更不要让你那高贵的灵魂在现实中寻找不到依托，你要有属于自己的那一方净土。你要有勇敢者的气魄，坚定而自信地对自己说："我可以做到！"

节俭

> 现在追求高品质生活已成为一种时尚。然而，一些无知的人竟把奢侈当成了高品质，奢侈生活被人们当作了追求高品质生活的终极目标，这就必然助长社会上的奢侈之风。

单就个体来说，没有考虑自己的实际需求，不是豪华的房子就不住，不是名牌进口的化妆品就不用，不是知名服饰不穿；之于社会而言，奢侈之风大行其道，打造奢侈的办公环境，筑建奢侈的楼群，就是在边远的贫困区域，依然是乐此不疲。这种无节制地消耗、挥霍和浪费社会财富的竞赛，似乎成了人们追求的高品质生活，这与节约型社会的建设目标风马牛不相及。我们的社会需要节约，我们的人民需要节俭。

事实上，高品质生活是离不开节俭的。节俭，既不是要人们刻意地去过苦日子，一顿饭用三顿来吃完，也不是要你去当苦行僧。它应该是一种生活态度，是一种积极乐观的态度。它教会人们要珍惜资源、珍爱环境，在精神上达到一种高度。如今我国面临着资源短缺、能源紧张的问题，所以节俭尤为显得弥足珍贵。如果你富有，就请你把奢侈的钱捐给希望工程，那里有多少双渴盼上学的眼睛。同时也要从节约每一度电、每一滴水开始做起，为营造一个可持续发展的节约型社会奉献自己的一分力量。成由勤俭、败由奢的古训，应当是我们的座右铭。不妨看一下国内外人士是如何教子节俭的。

在北宋时期，力戒奢侈、谨身节用，成为司马光教育孩子的重心。他曾经这样说："视地而后敢行，顿足而后敢立。"这在他的那本《答刘蒙书》中有所体现。当时，他在写《资治通鉴》时，找来许多助手，除了范祖禹、刘恕、刘攽三人外，还有他自己的儿子司马康。

一次，儿子读书用指甲抓书页，被他看到了，他非常生气，于是就细心地讲道理给儿子听，教他爱护书籍的方法：在读书前，首先一定要把书桌擦干净，然后再垫上桌布；在读书过程中，端端正正地坐好，腰挺直；在翻书页时，要先用右手拇指的侧面把书页的边缘托起，然后再用食指轻轻盖住以揭开一页，不要随便折书。

居里夫人对女儿的爱，是一种理智的爱，在生活上她要求女儿"俭以养志"，并对她们严加管束。她对女儿说："贫困固然非我所愿，但过富也不一定是好事。必须依靠自己的力量，谋求生活。"在生活的小事上，她不忘培养女儿们节俭朴实、轻财的品德。教导她们不能凭空想象、不务实际。她还告诫两个女儿："我们应该不虚度一生。"同时，居里夫人还培养她们勇敢、坚强、乐观的品格。

居里夫人教育她的孩子们要热爱祖国。她教她们学习波兰语，用自己的实际行动——致力于帮助祖国的科学发展和波兰留学生的行动——感染着两位女儿。

爱心

> 爱心是一片照射在冬日的阳光，使贫病交迫的人感到人间的温暖；爱心是一泓出现在沙漠里的泉水，使濒临绝境的人重新看到生活的希望；爱心是一首飘荡在夜空的歌谣，使孤苦无依的人获得心灵的慰藉。

20年前，保尔为了完成学业，就利用零散的时间打工赚钱。有一天，当他正在挨家挨户地推销商品时，饥饿难忍。保尔摸遍了全身，却只有几角钱。"还是向下一户人家讨口饭吃吧！"他在心里默默地想着。

保尔瑟缩在冷风中，鼓起勇气轻轻地敲了下一户人家的房门。为他开门的是一位漂亮的小女孩儿，刹那间，保尔有些手足无措了。他开不了口，最后只向小女孩儿乞求给他一口水喝。小女孩儿感觉到保尔一定是饿坏了，于是给他倒了一大杯牛奶，保尔慢慢地喝完牛奶，问道："我应该付你多少钱呢？"

小女孩儿微笑着回答："对别人给予爱心，不要求任何回报。这是我妈妈常常教导我的一句话，所以你一分钱也不需要付。"保尔说："请您接受我由衷的感谢吧！"说完，他转身离开了这户人家。保尔顷刻间充满了斗志，他更加相信上帝和整个人类了。

20年后的一天，当年的那个小女孩儿得了一种奇怪的重病，所有医生对此束手无策。在医生的建议下，小女孩儿被转到大城市医治，由各方专家会诊。声名鹊起的保尔医生也参加了此次会诊。当保尔听说病人是来自20年前的那个城镇时，小女孩儿那可爱美丽的面孔霎时闪过他的脑际，同时也有一种奇特的想法，于是他马上起身直奔她的病房。

保尔医生身穿手术服来到病房，一眼就认出了病人就是当年对他施恩的人。他回到诊室后，下决心一定要竭尽所能治好她的病。从那一刻起，保尔每天都特别关照着这个对自己有恩的病人。

在保尔以及各方专家的努力与协作下，手术成功了。保尔要求把医药费通知单送到他那里，他看过通知单，在通知单的边白上留下一行字。有人把医药费通知单送到小女孩儿的病房时，她担心得不敢看。她认为,这次治病的费用恐怕要用她整个余生来偿还。不过,她终于还是鼓起勇气翻开了医药费通知单,在通知单旁边的那行小字引起了她的注意,她禁不住轻声读了出来:"医药费已付:一杯牛奶。"签名处写着"保尔医生"。

　　喜悦的泪水溢出了她的眼睛,她默默地祈祷着:"谢谢你,上帝。你的爱已通过人类的心灵和双手传播了。"

学习与思考

> 人在智慧上、精神上的发达程度越高,人就越自由,人生就越能获得莫大的满足。

在一个伸手不见五指的夜晚,许多老鼠在首领的带领下,出外觅食。它们停在了一个饭店的后门,因为门口边有个垃圾桶,那里面盛着很多剩余饭菜。这些老鼠非常高兴,它们终于可以美美地饱餐一顿了。

就在一大群老鼠大吃特吃之际,远处突然传来了一阵令它们心惊肉跳的声音,就是它们的克星发出的喵喵喵的声音。它们震惊之余,四散逃命,那只大黑猫在后面穷追不舍,其中有两只小老鼠逃避不及,没有逃脱大黑猫的利爪。在猫要吞噬它们的一刹那间,传来一连串凶恶的狗吠声,大黑猫被吓跑了。

大黑猫跑开后，只听那老鼠首领从垃圾桶后面大摇大摆地走出来，说："我很早以前就对你们说过，一定要多学一种语言，这对你们有百利而无一害，经过这件事以后你们就明白了吧。"

这虽然仅是个笑话，但其中却蕴含着深刻的道理，多学一门技艺，就多一条路可走。成功人士的最大秘密武器，就是终生学习。华人首富李嘉诚说过这样的话："不会学习的人就不会成功！"他认为，人生就是一个学习的过程，直到今天他仍然坚持不懈地学习，坚持从中英文报刊上吸收各种知识。

只会学习而不去思考，便会像传播学中的电视"容器人"，只知道被动接受而失去思考力。社会需要的是一种善于思考的人，这样的人一定会有好的生活。

第二章

善待生命

第二章　善待生命

珍惜生命，为生命祝福

人最宝贵的是生命，生命对每个人只有一次。

李白诗云："君不见黄河之水天上来，奔流到海不复回"，古乐府中有"百川东入海，何时复西归"的诗句，这些都说明了生命是不可重复的。对每一个人来说，生命都"只有一次"，生命一旦失去，不可再来！李白也曾这样感慨："君不见高堂明镜悲白发，朝如青丝暮成雪。"生命只在朝夕之间啊！庄子的认识则更为形象："人生如白驹过隙，忽然而已。"

生命对我们每个人来说都不是永恒的，随着你呱呱坠地的第一声响亮啼哭，死亡也就跟着你一起降生下来。生命中每一片刻都在朝着死亡移动，所以我们必须要抓住生命的每一个瞬间。贺拉斯告诉我们："每天都想象这是你最后的一天，你不盼望的明天将越显得可欢恋。"这句话就是让我们珍惜生命,感激生命中的每一天。

珍惜生命,首先要热爱生命。有的人因为失意,抱怨自己出生的这个世界不够温暖;有的人因为羡慕,对自己诞生的环境整天唉声叹气;有的人因为无志,长期以来一直过着猪栏式的生活;有的人因为贪婪,在金钱做成的桎梏中庸俗地度过了一生;有的人干脆拿起匕首和棍棒,在人所不齿的抢劫犯、杀人犯的唾骂声中结束了人生之旅。人啊!对待生命总是如此草率,你究竟认识到"生命只有一次"没有?

生物学家达尔文,在进行了几年的航海考察活动之后,身体变得十分虚弱,但他还是用仅存的时间完成了生物学巨著《进化论》,给后人留下了宝贵的精神财富。世界闻名的女科学家,曾经两次获得诺贝尔奖的居里夫人,在遭遇丈夫不幸逝世、自己的肺病也愈加严重的双重打击下,仍然坚持化学研究,最终再一次取得了成功。她的这种勇于战胜困难的精神本身就是珍惜生命的表现。由此可见,珍惜生命是每一个成功人士必备的精神。

在我的记忆深处永远也难以忘却中国残疾人艺术团的那次演出:当紫红色的幕布徐徐拉起,当数十个无腿的青年男女手

第二章 善待生命

摇着轮椅，在高亢激昂的旋律中"冲"上舞台，当5位只有一条腿的男青年单手拄拐在红地毯上翩然起舞……那一刻，我落泪了，我被震撼了。那些残疾演员以那么昂扬的精神状态，那么刚健有力的舞姿告诉我们：什么是坚强，什么是生命的可贵。

在我们的身边，这样的鲜活事例并不少见。大家都知道的张海迪，她自幼便失去了自胸部起下半身的知觉，但就是在这种情况下，她仍然以坚强的意志与病魔抗争，取得了健全人都很难取得的博士学位。她的精神支柱就是保尔·柯察金珍惜生命的伟大精神。

谈到珍惜生命，就不能不谈及死亡。孔子曰："不知生，焉知死？"生与死是一对孪生兄弟。不管什么人，只要去过火葬场，他的灵魂就一定会经受一次生死观的洗礼：千古归一死，圣贤无奈何。由此可见，在我们的工作和生活中，珍惜和爱惜生命是何其的崇高。

爷爷带给小明一个装满泥土的小纸杯，并笑呵呵地叮嘱他说，只要坚持每天往杯子里面倒一点儿水，过一阵子就会有特别的事情发生。小明对此充满了好奇，他便天天坚持下来。直到一天早晨，他发现原本只有泥土的杯子里面，出现了两片小小的绿叶。小明兴奋极了，他迫不及待地告诉爷爷。当然，爷爷一点儿也没有吃惊。他平静地告诉小明,其实生命是无所不在的,甚至藏身于最平凡、最不可能的角落里。

  是的,在平淡如水的生活中,我们每个人不一定都像那些伟人一样作出一些惊天动地的大事来,但生命对于我们来讲同样是珍贵的。我们应皆尽所能地用有限的生命为社会、为需要我们帮助的人做一些事。像帮助照顾孤寡老人,帮助残疾人和看望并安慰医院中的病人等,这些都是我们珍惜生命的表现。也只有这样,在不久的将来,当我们回忆往事的时候,才会不为虚度年华而悔恨,不因碌碌无为而羞耻。"莫等闲,白了少年头,空悲切。"为你周围的生命祝福,为你内心的生命祝福,当你记住祝福生命时,这个世界甚至会因你而改变。所以,让我们珍惜生命,用我们渺小的生命去塑造伟大的生活!

第二章　善待生命

善待生命，好好活着

> 时间就是财富，那生命又何尝不是呢？甚至可以说生命是世界上最可宝贵的财富，因为所有的财富都可以失而复得，唯有生命对于我们都只有一次。

人生苦短，至多百十余年，若中途有什么意外，恐怕还活不到那么久，然而这中间又有多少人是真正为自己活着的呢？又有多少人"拨开云雾"真正找到了自我呢？看看现实中的芸芸众生吧，他们为了向上爬而绞尽脑汁，为了挣大钱而煞费心血。其实，他们就是不明白这样一个道理：与其说你赚了大钱、拥有了名誉，倒不如说你被金钱名誉所赚，因为钱赚走了你的青春、时间、体力和生命。

"天下熙熙，皆为利来；天下攘攘，皆为利往。"追名逐利的人们又能有几个真正意识到了这一点呢？他们依旧宁愿用生命换取那些所谓的财富，他们甚至把全部生命都耗费在名望、权利或金钱的追逐中。直到他们临终时才会如此悔恨："我只是使用了生命，而不曾珍惜生命、享受生命。"

珍惜生命，更加真诚地对待生命。有一个盲人说："只要给我一天光明，我就把生命缩成一天的时间。"他要把所有盲人做不到的事情一天做完，但是这一天的光明在现实中也没有。雷锋同志说："在回首往事的时候，不因碌碌无为而羞耻，不因虚度年华而悔恨。"他把生命中所有的旅程都安排在最广泛的为人民服务中去，他的生命因而充满了充实和成就感。一位得了癌症的患者说："我再也没有第二次戒烟的机会了。"他在后悔自己在健康的时候没有把不良嗜好戒掉，让生命能够在后来的日子里很好地延续。

生命对于我们每一个人来说只有一次，而生命一旦来到这个世界上，便负有严肃的生命使命，要真实地活着，且活得尽可能的精彩。古代行船的人有这样一句话："船板下面是地狱。"只是一板之隔，生死两重天，由此可知生命的脆弱，随时随地都有遭受灾难的可能。我们若有这种觉悟，心中存着"现在是生命的最后一刻"，无论遇到任何情况也不会惊慌失

第二章 善待生命

措。那么，我们究竟该如何对待我们的生命呢？

生命是宝贵的，生命又是残忍的。多年前，日本著名的当红作家三岛由纪夫和川端康成都先后自杀了。他们踏上不归路的方式也绝对是震撼和惨烈的，一个是切腹，一个是含煤气管。我国台湾女作家三毛也在医院病房里用丝袜结束了自己的生命。一个个鲜活的生命匆匆逝去，在原本是很风光和精力旺盛地展开着自己人生的时候遽然消失。

那么，究竟是什么原因使他们最终作出这样的选择呢？是家庭原因么？可是调查发现他们的家庭都是很和睦幸福的；是事业上的原因么？显然更不是，他们此时的创作事业可谓如日中天。最终，许多心理学家终于揭开了其中的谜团，他们分析，这些人之所以毅然决然地选择了死亡，可能是他们唯恐自己以后身体及创作能力衰退被人淡忘，从而企图在生命的巅峰时刻陨落，以保存给世人最完美的印象。

其实，这些人明明实现了自身的价值，却又迷惘自身的价值。楚辞体的辉煌抹不去汨罗江畔的哀怨；向日葵的一抹金黄抹不掉枪响后灵魂被锯割时疼痛的煎熬；诗坛上的中国童话抹不去魂断激流岛的悲剧；法国的《羊脂球》抹不去喉管割破时的血腥味；俄国诗人叶赛宁，他的死也很艺术的——他割开自己的血管，以笔蘸着流下来的血，写他最后的一首诗，直到血尽人亡；从美国的普拉斯、杰克·伦敦、海明威，到苏联的马雅可夫斯基、法捷耶夫，还有中国的海子、戈麦、徐迟等人。这些人中之龙凤最终都选择了自杀来谢绝人世，或许只有田汉说过的那句话可以解释其中的原委吧："艺术家不妨生得丑，但不可死得不美！"

　　敢死，固然需要勇敢的精神，但是敢活却比敢死更为可贵。因为生命本来就是脆弱的，但脆弱的生命一旦勇敢地承担起使命和苦难，才更显出一种尊严。佛说："命在呼吸间。"人无法管住自己的生命，更无人能挡住死期。《涅槃经》中说："人命之不息，过于山水。今日虽存而明日难知。"这就是说，人类生命流逝的速度比滔滔而下的山溪更为迅速，转眼之间就消逝了。今天虽平安，可谁也无法保证明日的安定。《摩耶经》中谈到，人生的旅程就是"步步近死地"。一天天、一步步接近死亡，这就是人生的真相。既然生命如此无常，我们就更没有理由不去好好地珍惜它、利用它、充实它，让这无常宝贵的生命散发出真善美的光辉，映照出生命的真正价值。

　　人为什么而活？爱因斯坦说过："只有为别人活着才是有

第二章 善待生命

价值的。"是的,生命是一种承诺,生命是一个过程,生命也是一种目的。台湾省一位女作家曾说过这么一句话:人活着的时候总该好好活着,不为自己,而为那些爱你的人!因为死亡留下来的悲哀不属于自己,而属于那些还活着、还深爱着你的人!所以活着,真的不是一件容易的事。

然而,人不可能永远都活着,正是因为生命之短暂,才欲显其珍贵。我们更应该在这短暂而又珍贵的生命里,善待生命,好好活着,抓住生命中的每一个精彩瞬间。

简单生活就是享受生活

> 人最重要的是好好活着,每时每刻都感觉心灵的快乐,并对自身意义给予综合评价和总体肯定,热烈地拥抱生命中每一次晨曦与每一次日暮,自然随意地品读眼前每一分每一秒的感动,带上一缕馨香、一丝慰藉,享受最淳朴的清净与和谐。你只有拥有了享受生活的能力,也就收获了快乐的人生。

这里,简单应该成为我们每一个人生活的准则。因为在人生道路上,唯有奉行简单的准则,才有可能避免误入阻碍我们成熟的岔路,陷入歧途。你一旦奉行了简单的准则,就会摆脱心灵受到污染,摆脱使你的生活变得错综复杂的恼怒。

时下,无论是人际关系、社会结构或家庭关系,都同样有着复杂化的趋势。然而,人们又不约而同地用一种简化的公式

第二章　善待生命

来处理这些关系。所以用"简单"的态度来处理事务，不仅能得到事半功倍的效果，同时也能将生活带入一种节奏明快的韵律之中。将复杂的事情简单化，那就是智慧。将简单的事情复杂化，那才是愚蠢。

《堂吉诃德》里有这样一个小故事：在一次酒席上，桑丘问他的表弟，世界上第一个翻跟头的是谁？表弟皱着眉头想了半天，最终没有回答上来。他便对他的桑丘表哥说，等他回书房考证一番再给他答案吧。于是，兄弟二人又开始痛饮起来。过了一会儿，桑丘对表弟说，刚刚的那个问题，现在已经有答案了：世界上第一个会翻跟斗的是魔鬼，因为他从天上摔下来，就一直翻着跟斗，掉进了地狱。

读到这个故事，你或许会忍俊不禁，原因是桑丘的回答非常简单，但这个回答也包含着一种极其朴素的智慧。桑丘的表弟却在面对如此的问题时也要钻进书堆进行考证，即使他能够得出结论，也往往既不能增长见识，也不能增添常识。

生活、工作中的很多事情都很简单，大可不必费九牛二虎之力去伤透脑筋，人生、爱情、理想也是如此。生存在这个竞争激烈的时代，信仰匮乏袭击着一些苍白心灵的人，危机和压力削弱了许多懦夫的意志。其实，世上没有十全十美的事物，如果你认为这个世界对你不公平，请不要抱怨。苦难可以毁灭一个人，也可以锻造一个人。可见世界上没有复杂的事物，只有复杂的心灵。这就像一棵树，细看来是许多的枝，再看是无数的叶，再看，是数不清的细胞。其实，它只是一棵树而已。

简单是一种积极、乐观、向上的生活态度，简单就是要学会舍弃，简单是一种速度。抛开所有的一切束缚，三下五去二地去做吧！生活其实就是这么简单。

简单生活，享受生活，认真对待每一天中点点滴滴的小事。在人的潜意识里都有着展示自己的欲望，可是生命的底蕴和玄机，不但他人无法彻底了解，就是自己也未必真正熟悉和把握，倘使内心世界多一些上善若水的源泉和动力，更多的赏心悦目就会进入我们的视野，愉悦我们灰色的天空和暗淡的心灵。花开时，敞开双臂感受春的温暖，不要拒绝蜂蝶的吸吮和顽童的采摘；花落时，别在意风采的流逝和路人无情的眼神。即使只能做一片绿叶，也要舒心地成长，默默地进行光合作用，悄悄地把氧气释放人间，在润养自己的同时供应万物营养。因为你为他人付出的越多，你的内心就越富足，生活也就越坦荡而充实。

第二章 善待生命

要懂得生活，才能享受生活！能否享受生活又很大程度上取决于一个人的心态。有两个人，同时朝窗外望去，他们看到的东西截然不同，前者看到的是满地泥泞、残花败柳的一片萧条景象！后者看到的是天空白云朵朵，树上快乐的鸟儿飞来飞去。在生活的道路上，前者一遇到挫折总是自卑、悲观和消极，结果一无所成！后者则采取积极乐观的心态迎接一切，最后走向成功！

生命，是一个奇迹，每个生命都是独一无二的，我们没有理由不接纳自己。虽然我们拥有的不多，没有凭栏长啸的狂妄自大，没有风云江湖的沾沾自喜，但是我们拥有一种积极向上的情绪，我们保持一份平和达观的心态，我们像欣赏一幅风景画一样聆听姹紫嫣红浓淡迥异的人生乐章，我们用心体会每一个细节、每一个瞬间流溢的快乐年华，这就足够了。

别让挥霍成为一种病

> 挥霍绝对是一种不折不扣的败家子做派，理应受到社会的公愤和鄙视。

东汉末年，官僚贵族竭力追求奢侈放纵的生活方式。思想家仲长统对此予以无情揭露。仲长统说那些豪族们，"琦赂宝货，巨室不能容。马牛羊豕，山谷不能受。妖童美妾，填乎绮室。倡讴伎乐，列乎深堂……三牲之肉，臭而不可食。清醇之酎，败而不可饮"。那些官僚贵族甚至于他们的奴仆也都衣着华贵，以显示豪富。这种风气在社会上造成极坏影响，致使"今民奢衣服、侈饮食"。当然，仲长统所揭露的那些奢侈放纵的"民"指的是统治阶级，他们的这种享受与挥霍是建立在对广大劳苦大众的残酷压榨、盘剥基础之上的，理所当然为我

第二章　善待生命

们所唾弃。

镜头推进至2002年5月8日这一天，从北京传出一个惊人的消息，曾经荣登央视"东方之子"节目，并以创作《一九九七，我的爱》和《相约九八》名噪一时的原中国亚洲电视艺术中心总裁、全国政协委员靳树增涉嫌巨额金融诈骗！

靳树增，1954年出生在河北的一个小山村，成年后加入中国人民解放军某部。1994年，在央视的演播大厅，全国电视观众在屏幕上见识了"东方之子"靳树增的风采，这个来自河北农村只有初中二年级文化的电视制片人面对数亿观众侃侃而谈、神采飞扬。1997年，靳树增创作了歌词《一九九七，我的爱》，经作曲家肖白谱曲、数十名歌坛大腕集体演唱后，在全国迅速流行开来，并成为国家指定的庆祝香港回归主题歌。1998年，靳树增推出新作《相约九八》，由歌坛巨星那英和王菲倾情演唱后，再次响彻神州大地。

在这巨大光环的背后，志得意满的靳树增此时已经完全忘记了他自己曾经是一个农民的儿子，是一名人民解放军战士，更忘记了自己是一名共产党党员和一名全国政协委员。他极尽奢华之能事，就在他悠然自得享受着"人间至乐"的同时，他的末日也悄悄来临了。

　　据知情人透露，靳树增成名之后的生活俨然像"皇帝"一样霸道和糜烂。他办公的"御殿"达200多平方米，装潢更是美轮美奂。在最里面的是两间密室，密室中间各放置一张宽大的席梦思，据说他当年的许多"要事"都是在这里进行的。吃的方面，靳树增更不会"亏待"自己。为他主厨的是全国各大菜系的"顶级高手"，为他个人专用的所有餐具包括送餐的小推车全部镀金。到了他吃饭的时间，侍从人员一般小心翼翼地用那辆小推车将精心烹制的各种菜肴轻轻地推进他的密室，然后躬身退出。这时，他要看着他最信任的贴身司机将每道菜先尝一遍，自己才动筷。这样的一车菜肴他当然吃不完，他只是象征性地选吃一部分，然后抹抹嘴，傲慢地将手一挥，说："带下去赏给他们吃吧！""他们"就是指他手下的员工。此外，他还拥有400多平方米的豪华别墅，但他却并不满足，为了作乐，他将每天收费一万元的北京饭店贵宾楼客房包下来，一包就是两个月。

　　天网恢恢，疏而不漏。最终，欲壑难平的靳树增竟然丧

第二章 善待生命

心病狂到干下了诈骗这一为人所不齿的可耻勾当。电视镜头将再次对准他，不过他这次不再是受万众瞩目的"东方之子"，而是一个被押上被告席接受庄严审判的罪犯。靳树增，显赫一时，极尽荣华富贵，但他必将被钉在历史的耻辱柱上，接受正义的审判。

就在不久前有重庆啤酒节变"泼酒节"的丑闻，继之又有哈尔滨"啤酒喷泉"的闹剧，最近又发生沈阳耗巨资大办的"满汉全席"展被倒进垃圾桶的事件。在消费上，中国人均GDP排名世界100多位，然而却是世界上最大的奢侈品消费市场之一：标价1188万元的宾利轿车，在中国的销量世界第一。从1993年起，中国取代美国，成为全球进口法国高档葡萄酒的最大市场；中国大城市娱乐场所的豪华程度和消费水平不次于巴黎、伦敦和纽约。这一幕幕大肆铺张、频频上演的挥霍闹剧，着实令人痛心疾首！

同这种情况形成鲜明对比的是，在2006年6月世界第二大富豪、75岁的美国投资家巴菲特签署捐款意向书，正式决定向比尔·盖茨夫妇创立并掌管的慈善基金会捐出其85%以上的财富——约375亿美元，创下世界上个人慈善捐款额之最。至于盖茨夫妇，目前已捐献出了300多亿美元，并且他们还决定在他们死后除留给子女几百万美元的生活费外,他们所拥有的其余99%以上的财产都将毫无保留地捐给社会。同年8月24日,中国香港首富李嘉诚宣布,他将把个人财产的三分之一(约480亿港元)捐赠给慈善事业。这些极富爱心观念和正确财富观的富豪们同那些只会自己挥金如土、奢华浪费之徒形成了鲜明的对比,而只有前者更加凸显了他们人性中的伟大与高尚,而后者则多堕入万劫不复之地。

无论古今中外,人们都是崇尚节俭,鞭笞的是挥金如土之风,奢侈浪费从没有被当作一种文化来推崇,更不能成为一种生活方式。然而,近年来,随着我国经济的飞速发展,国人中那些先富起来的"精英"人物有不少都过着挥金如土的日子。这种生活方式不但浪费了资源,而且败坏了社会风气,引起人们的不满。

第二章　善待生命

知足才能常乐

　　常言道，知足者常乐。为什么这样说呢？

　　因为幸福没有止境，也没有标准，只是看你对它的认识如何，及看你对它怎样解释而已。

　　就像这样一只馋嘴的狐狸，它发现了一座葡萄园，便很想过去吃个饱，可是发现园子四周全围着篱笆，中间只有一个很小的洞口，它根本钻不进去。于是，它让自己饿了三天，终于可以很轻松地就从那个小洞中钻进了葡萄园。狐狸大吃特吃，过了几天，它不再想吃葡萄了，于是它来到那个小洞前，却发现自己变得太胖了，已经不能从那个小洞中钻出去了。没办法，狐狸又把自己饿了三天，才钻出了葡萄园。馋嘴的狐狸已经尽情享用过甜美的果实，但是它却太过贪心，最终也就只能瘪着肚子离开，这完全是因为它不懂得知足常乐的道理。所以，太贪心的人往往是享受不到快乐的。只有拥有健康的心态，你的人生才会充满欢乐。

只有那些知道适当满足的人，才能够保持稳定的心态，从而在自己的岗位上有所成就，工作上有了成就，自然会给自己带来快乐。比如，一个人调换了工作，看到自己拿的是全单位最低一等的工资，而一些年纪轻轻的同事却比自己拿的多，这人会怎么想呢？如果他不知足，那他一定不会快乐，工作也不会安心；如果他换个角度想一想，这份工作和自己以前的工作相比，是不是干得更顺手呢？现在的月薪和以前相比，数量是不是增多了呢？当他从这些问题中找到满足，他的心情一定不会差，他的生活也就不乏快乐了。就像面对同一锅肉汤，路瓦栽能高兴地叫出声来，而玛蒂尔德却愁眉苦脸，这就是知足与不知足的不同表现。

知足使人不为外物所役，从而获得真正的快乐。爱因斯坦曾经用一张大面值的支票做书签，结果那本书找不到了。对此事，他只是一笑了之。如果换作葛朗台先生，肯定要捶胸顿足，后悔得要死要活了。如此看来，是不役于外物的人快乐呢，还是把自己的悲欢系于身外之物的人快乐呢？答案当然是

第二章 善待生命

前者。

有一个尽人皆知的故事：一个渔夫躺在沙滩上晒太阳，这时富翁走过来问他为什么不工作，他却反问说为什么要工作。富翁说工作以后可以赚大钱，可以买车买房，有美女相伴，然后就可以去沙滩度假。渔夫接着又反问："那我现在在干什么？"富翁哑口无言。这就是我们常说的"知足者常乐"。

相比之下，故事中的那个渔夫就要聪明得多。他住最简单的房屋，吃最平淡的饭菜，穿最朴素的衣装，"简简单单也是真"，倒也图个悠闲快乐。富翁倾其所有精力，忙忙碌碌了一生，换来的快乐远不及渔夫享受到的多。渔夫安于现状每天只需打打鱼赚得基本的生活资料便可以享受到平凡的快乐，富翁却为此拼掉了毕生的精力。那么，谁更加快乐呢？

欲望是无止境的，就像挂在驴子嘴巴前面的胡萝卜，受到这样的引诱，驴子总是在不断地往前走，试图去吃掉它，却永远也吃不到嘴里。

"君子有所为，有所不为。"对于我们个人来说，所谓的知足者常乐，满足于现状，并不一定就代表不思进取。对于事业我们理应孜孜以求，而对于那些名利之事我们大可不必计较。有的人钱多了，不知该怎么花。而对于大多的老百姓来说，每一分钱都来之不易。怎么办？"红眼病"是万万要不得的。钱多了还容易招贼惦记呢——你要这样想心态不就平稳了么？你开着私家车确实很神气，我骑自行车上下班确实很累，可我骑车一来安全；二来符合环保要求，更重要的是还锻炼了身体。千金难买好身体，何乐而不为呢？

不过，有时候也要"不知足"才能常乐。对于学习，对于丰富多彩的科学文化知识，对于事业的进取，我们自然应该不知足。伟大的共产主义战士雷锋说过："在工作上要向水平最高的同志看齐，在生活上要向水平最低的同志看齐。"这句话是对"知足"二字的最好注解。

攀比夺走了你的快乐

> 生活中我们都应尽自己的本分，做自己该做的事，大可不必非要攀比个贵贱、分个高低不可。

在北京某高校的BBS上曾出现了这样一则顺口溜："一月六百贫困户，千儿八百刚起步，两三千元是装酷，万儿八千才大户。"看完这则顺口溜，不禁使我们疑惑：现如今的孩子到底怎么了？古人云："静以修身，俭以养德。"为何这些亘古不变的真理似乎在这一代的孩子身上失去了原有的魅力呢？特别是在一些高校内，灯红酒绿，尽情攀比的习气蔚然成风。真不知道那些连饭都吃不饱的人看到了会怎么样，是捶胸顿足，还是恨天之不公呢？

在大学校园里，大学生之间的攀比消费，可谓挥金如土，虽然他们一般本身并不赚钱。据某学院一辅导员介绍，衣食住行、谈恋爱基本上占了学生消费的一半以上。有的学生甚至仅"砸"在配手机、穿名牌上的钱就有好几千元。电脑、MP4、手机和数码相机，这"新四大件"基本在大学校园已经普及。

北京某学院外语系女生菲菲就是这样一个追求时尚的女孩，当她看到同学的时髦时装后，她也开始买名牌服装和化妆品，并新配了一部价值不菲的高档手机。在攀比心的驱使下，即使那些原本手头不是很宽裕的贫困学生自然也不甘落后。来自贫困乡村的小李本身家境困窘，但每次外出应酬，他都出手阔绰，丝毫没有穷孩子的"吝啬"。

《广州日报》载文，一名全家年收入仅2000多元的贫困大学生，由于虚荣心作祟，在家人为他能够读书而到处举债时，他却将父母千辛万苦赚来甚至借来的钱任意挥霍，不但高档手机、时髦服饰应有尽有，甚至还要求父母借钱买电脑用来打网游……凡此种种，这些残酷的现实还不能让人感到心酸吗？

专家分析，这些高校大学生的高消费在很大程度上是攀比心理作祟。表面来看，攀比者穿得流行，戴得时髦，吃得好，喝得好，可谓"面子十足"。但"天行健，君子以自强不息"、"流自己的汗，吃自己的饭，靠天、靠地、靠祖宗不

第二章　善待生命

是真好汉！"也只有那些自强不息的人，才会有一个光明的前途，才会有一片属于自己的蓝天。

那些涉世未深的大学生如此，在社会中有着丰富经验的人们就更应当注意这方面的负面影响了。那些有着攀比心理的人们应尽早改正这种想法，只要人们认识自己，把握自己，避开攀比的习气，理性消费：该用的要用，不该用的坚决不用，那么消费将是科学的消费，而人则是科学消费的人。

关于攀比还有这样的一则寓言故事：

讲的是毛驴看到小狗每天只是围绕在主人的身边，便可以得到主人的疼爱。于是，它便决定也要模仿小狗一样去讨好主人。一天，主人刚进门，毛驴便欢叫着冲到主人的面前，把蹄子搭在主人的肩膀上，并伸出舌头在主人的脸上舔了几下。主人大惊，飞快地跑开了，并且还拿起皮鞭狠狠地教训了毛驴一顿。毛驴感到非常委屈，它便去向小狗请教："为什么你这样做会得到主人的欢心，而我这样做却挨了主人的鞭子呢？"小狗笑笑说："因为主人养你是让你拉磨的，养我是为了解闷儿的。"

人们都向往美好的生活，这本无可厚非。但是，面对攀比，我们真的要好好想一想，人和人到底应该比什么？

"不比穿戴比学习，不比文具比志气，不比吃喝比成绩，不比家庭比能力。"这样的铮铮誓言，相信对大家是一种鼓励。

第二章　善待生命

快乐其实很简单

> 追求快乐，是人的本能。著名作家福楼拜曾经说过："快乐好似生命的温度计，快乐多，生命中的乐趣也更多。"

快乐是一种身心愉悦的状态，快乐是一种心境，快乐无处不在，就看你是不是善于去寻找。一个富人拣到100元钱不会感到快乐，一个叫花子只乞讨到一个馒头，也许会快乐一整天。隐士自得其乐，"采菊东篱下，悠然见南山"。恬淡之人只要一杯茶、一本书，他们就是快乐的。"登山则情满于山，观海则意溢于海。"快乐的人，快乐无处不在。

芸芸众生之中，到底有几成的人能够享受到名菜大餐、香车豪宅之类的物质生活呢？在我们的脑海里，这样的人还会有不快乐的理由么？可是反观那些富商巨贾们却可能连"一个人去公园转转"的快乐也享受不到；两个多年不见的老友，上一壶老酒、两盘小菜，畅所欲言、说古道今，那份快乐丝毫不比品着路易十六、吃着鲍鱼龙虾的富豪们逊色；一个看着金黄的稻谷随风摇曳的农人之喜悦心情，也并不比那些戴着深度眼镜盯着福布斯排行榜上自己名字的大老板们差多少。所以，一个普通人所享受的快乐并不会比一个富人或名人少，因为快乐与财富、地位、名气无丝毫瓜葛。

有这样一支淘金队伍行进在沙漠之中，大家都步伐沉重，痛苦不堪，只有一人快乐轻松地走着，别人好奇地问他："该死的太阳晒得我们皮肤都快裂开了，你为何还如此惬意？"他笑着说："因为我带的东西最少。"

原来，快乐就这么简单，抛弃那些多余的东西就可以了。

多年前，英国主流媒体《太阳报》曾以"这个世界谁最快乐"为题，进行过一次有奖征答比赛。从众多的应征来信中评出四个最佳答案：

1.作品刚刚完成，吹着口哨欣赏自己作品的艺术家；

2.正在用沙子筑城堡的儿童；

第二章　善待生命

3. 为婴儿洗澡的母亲；

4. 千辛万苦开刀后，终于挽救了危难病人的医生。

从这四个最佳答案来看，基本都包含了：奉献、劳动、爱心、成功这四个基本要素。这也就是说，那些成功人士只有怀着爱心去奉献、去劳动，才有可能成为世界上最快乐的人。诚如克鲁普斯卡娅所言："一个人一旦爱上他所从事的事业，他就能从事业的奋斗和成功中获得最大的快乐和满足。"

在每个人的生命深处，都希望自己能天天快乐，月月快乐，年年快乐。殊不知，快乐竟是如此简单，它就在我们眼前，可是我们却不曾发现。快乐，在乎心，如同风景，在乎看它的眼睛！

一个国王命大臣四处为他寻找快乐。一天，大臣遇到一个自称"没有一天不快乐"的农夫，问其原因，农夫说："我曾经因为脚上没有鞋穿而沮丧，直到有一天，在街上看到一个没有脚的人。"大臣顿悟，原来快乐如此简单，快乐就是一种态度啊。就像早上醒来，快乐就在你的脸上，你只需笑容满面地迎接新的一天。到了中午，快乐在你的腰上，你只需要腰杆挺直地活在当下。到了晚上，快乐在你的脚上，你只需脚踏实地地做好自己。

　　时下，人们整天为名利缠身，快乐何来呢？我们一天天地在名利的旋涡中越陷越深尚不自知。名誉、金钱、权力，我们孜孜以求，并不停地为自己描绘着自以为快乐的宏伟蓝图。这太多的负累使我们每前行一步，都脚印深深、气喘如牛，可我们依然甘心情愿，肩负到底。

　　一个富翁背着许多金银财宝前去寻找快乐，可踏遍千山万水他仍未与快乐结缘。一日，他颓丧地坐在山路边歇脚，迎面走来一个背着一大捆柴草的樵夫，他们攀谈起来。富翁向樵夫诉说了自己的苦恼，并询问樵夫自己为何没有快乐呢？樵夫放下沉甸甸的柴草，舒心地擦着汗水说："快乐其实很简单，放下就是快乐呀！"富翁顿时领悟：自己背负着这么多的财宝，每天忧心忡忡的，总是担心被别人打劫或遭别人暗算，又怎么能够快乐得起来呢？

　　我们常常就是这样追逐着快乐，却又总是放不下自己心中的一切。其实，快乐真的很简单，我们何不在这些平凡的生活中去领悟生活原本的颜色、去寻找那份纯真快乐的超脱呢？快乐是一种生活态度，即使生活于极度的贫困中，但是他们选择

第二章　善待生命

的人生态度是快乐；快乐是一种感觉，它无役于外物左右，没有什么可以成为不快乐的理由；快乐是一种情绪，只要心中有快乐的种子，就有了快乐作底蕴，即便是淡淡的忧愁也是一种轻纱拂面的朦胧之美。

快乐地做琐碎的事情

莎士比亚曾这样说过:"好与坏无从区别,那是由于每个人的想法使然。"林肯有一次也这样说过:"大多数人所获得的快乐,跟他意念所想到的相差不多。"

阿明三兄弟住在一个偏僻的小山村里,日子过得极为清贫而艰苦。一天,大哥让阿明到村子里面的杂货店去买油。家里面实在找不出其他的盛油容器了,大哥只好把一个大碗交给阿明。出发前,大哥再三地告诫他:"走路不要分神,要是把碗打破了,今天就不准吃饭。"油买好之后,阿明一想起大哥的警告就更加不敢有丝毫的怠慢,两眼紧盯着那碗,生怕油从里面洒出来。可是越想越紧张,手也开始不听使唤地抖起来了……"哗啦"一声响,碗掉在地上摔得粉碎,油也全部洒光

第二章 善待生命

了。大哥虽然很恼火,可除了狠狠地数落了他一顿,还是让他吃饭了。只是阿明自己很沮丧,人也无精打采的。

二哥知道原委后,对阿明说:"你再去买一次油。这次你在回来的路上,多看看路边上的那些山药是否开花了,回来后告诉我。"阿明很快又买好油。在回家的途中,他不时地看着路两边盛开的山药花,红的、绿的、粉的,这些原本常见的东西此刻看来是那样美啊!不知不觉间他就回到了家,这次碗里的油满满的,一滴也没有洒。

阿明的经历告诉我们,工作和快乐并没有冲突。真正懂得生活的人,是那些善于在工作中寻找人生乐趣的人。

生活中,或许大家都有过类似的经历,那些生活中常见的一些事情因为只是觉得很正常而忽略过去了。殊不知,这些微不足道的小事却隐藏着深刻的道理。那些看似宏伟的事业,也常常是依靠这些实实在在的、微不足道的、一步步的积累,才最终获得成功。

那些成就非凡的大家总是于细微之处用心、于细微之处着力,这样日积月累才取得了惊人的成绩。生活中,有些人常常梦想一举成名,实际上这是根本不可能的。那些真正成大事者,都是善于化整为零，从大处着眼，从小处入手的，他们会用一种积极的心态投入到那些在别人看来似乎琐碎的事情当中去。

　　在工作和生活当中，我们所做的每一件事情都必定有自己的目标，而达到目标的关键就在于把目标具体化。就像每一块砖瓦尽管显得那么无足轻重，但一座雄伟的建筑物就是由这一砖一瓦砌成的。同样的道理，每一个成功者的人生也是由无数个看上去微不足道的小方面构成的。所以，我们必须时刻提醒自己，你如果想获得成功，就要怀着快乐的心态去做那些看似琐碎的事情。哪怕在别人眼里那只是一份普通的、卑微的工作，你也乐于从事它，也要尽力将它做得更好、更完美。

第二章　善待生命

走自己的路

　　"走自己的路"，这是美国著名作曲家欧文·柏林给后起晚辈作曲家乔治·格西文的忠告。格西文接受了这一忠告，并最终成为美国当代极有贡献的作曲家之一。

　　美国卡耐基基金会曾做过一项调查：在继承了15万美元以上财产的子女中，有20%的人放弃了工作，整天沉溺于吃喝玩乐，直到倾家荡产；有的则一生孤独，出现精神问题，或是做出违法乱纪的事来。

　　一代大教育家陶行知老先生有一首诗写得好："滴自己的血，流自己的汗，自己的事情自己干，靠天靠地靠老子，不算是好汉。"的确，人生于天地之间，自立自强才是人生最重要的课题。人生最可依赖的是什么？是知识、是智慧、是汗水。

人常说："靠人种地满地草，靠人盛饭一碗汤。"你的父母都不可能依靠一生一世，更何况他人呢？因此，这个世界上最可靠的不是别人，而是你自己。

清朝末年，一朝宰辅、封疆大吏左宗棠告老还乡。回到长沙之后，他计划兴建豪宅一处，一为自己颐养天年之用；二为传于后世子孙。新房很快动工了，左宗棠却总是不放心。他三天两头便拄着拐杖到工地视察一番，这儿摸摸，那儿敲敲，生怕工匠们偷工减料。一位老工匠看在眼里，便说："大人，您就请放宽心吧，自从我当学徒起到现在，我们已经在长沙城里造了数不清的府第，现在我已经是一把年纪了，却还从来没有发生过房屋倒塌的事件呢，但是房子易主的事情我可是看得太多了。"左宗棠听后，不觉满面羞愧，叹息而去。同为清末名臣，林则徐在对待这个问题上就开明得多了："子孙若我，要钱干什么？贤而多财，则损其志；子孙不若我，要钱做什么？愚而多财，益增其过。"在林则徐看来，只要你拥有知识就可以自己去创造财富，与其为子女留下财富，不如留给他们更多的知识。

美国大富豪罗斯·柴德是巴比特老一辈的富翁，他像绝大

第二章 善待生命

多数的富豪一样把他所有的财产都留给了儿子拉斐尔。但两年后年仅23岁的拉斐尔被人发现死于纽约的一处人行道上,死因是吸食海洛因过度。基于此,近年来在美国的富翁中流行一种新的风尚,他们把自己绝大部分的财产捐献给了社会,以避免留太多的财产给子孙后代,使他们乐不思蜀,成为扶不起的阿斗。这种风尚的实践者有大名鼎鼎的微软创办人比尔·盖茨、投资家华伦·巴菲特等。

"天行健,君子以自强不息。"客观世界不断地向前发展,社会不断地前进,因此有志者必须不断地自强,不断地更新自己。正如文天祥所说:"君子之所以进者,无法,天行而已矣。"你的生命,要靠你自己去雕琢。

苏联火箭之父齐奥尔科夫斯基的童年是极为不幸的,在他10岁时,一场大病使他几乎完全丧失了听觉。接下来不久,他善良的母亲又患病去世了。面对接二连三的打击,他陷入了极大的痛苦之中。这时,他的父亲鼓励他,说:"孩子!要有志气,靠自己的努力走下去。"就是从这一刻起,年幼的齐奥尔科夫斯基开始了真正的自学道路。他自学了物理、化学、微积分、解析几何等课程。苦难的磨砺,最终使他成了一个学识渊博的科学家,为火箭技术和星际航行奠定了理论基础。

有一个故事说，从前有一个老汉和他的儿子赶着一头驴子。刚走不远，遇着一个妇人道："你们有代步的驴子不骑，反而在路上走着，真是奇怪。"老汉听了便叫儿子骑驴。一个老人见状叹息说："看！如今对年老的人还有什么尊敬呢？这懒惰的孩子骑着驴，他年老的父亲却徒步。"老汉听了，就自己骑了上去。一群孩子见了便喊道："你这懒惰的父亲，怎么让你可怜的孩子在后面吃力地走呢？"于是老汉又把儿子也拉上驴背。一个老和尚见了双手合十道："阿弥陀佛！这可怜的驴子啊，你们两人合抬这可怜的牲口，远比骑它要好得多啦。"老汉便和他的儿子把驴子四蹄绑在一起，用一根竿子吃力地把驴子抬上肩膀……

这个故事当然是杜撰出来的，但是你细想一下，现实生活当中是不是还真的存在着这样的"赶驴老汉"呢？其实"老汉"在"赶驴"的时候大可不必完全迎合他人的喜好，只要你认为这样做是对的，就应该坚持下去。走自己的路，让喧哗的人喧哗去吧！

走自己的路，俄国作家契诃夫曾经说过，这个世界上有大狗，也有小狗，小狗不能因为大狗的存在就自惭形秽。所有的狗都是应当叫的,就任由它们用自己的声音叫好了。所以,你切不可因为看到巨著《战争与和平》,就干脆放弃了文坛上的耕耘;看到了篮球场上乔丹凌厉的进球,就放弃了自己的篮球憧憬;看到田径场上刘翔风一样的闪过,就彻底放弃了自己的田径梦想。试想,如果每个人都怀有这种想法,那么这个世界上还会存在有托尔斯泰、乔丹和刘翔这样的人物么?

　　遗传学的观点揭示出,我们每个人都是自然界最伟大的奇迹,以前没有像我们这样的人,以后也不会有。因此,我们要坚持走自己的路,而且这也是我们实现人生价值的必由之路。一个人如果失去了自己,便失去了存在的意义。一个成功的人、一个懂得珍惜自己价值的人、一个明白自己来到人世的使命的人,必定也是一个自信的人,一个坚持走自己路的人。

嫉妒是人生的毒药

> 嫉妒,是对他人的优越地位而心中产生的一种不愉快的情感。嫉妒,是人类的天性。每个人的一生,都曾经遭遇或心怀嫉妒。

嫉妒是一种令人痛恨的情绪,它郁积在内心,便会对自己的心灵造成折磨和伤害,而发泄出来,又会对他人造成攻击和中伤。嫉妒就其本质来说,是一种隐秘而微妙的情感,是一种承认自己被别人挫败后的反应。

在基督教中,嫉妒和傲慢、暴怒、懒惰、贪婪、饕餮及淫欲被列为人神共诛的"七宗罪"。在伊斯兰教中也有"嫉妒吞食信仰,如同大火吞食木头"等类似的描述。可见在劝人向善的教义里,嫉妒永远都是这样一副丑陋的面孔。英国诗人、剧作家、文

第二章　善待生命

学批评家约翰·德莱顿称嫉妒心为"心灵的黄疸病"。

在古代，摩伽陀国出生了一头白象，国王将这头象交给一位驯象师照顾。这头白象全身白皙，毛柔细光滑，并且还十分聪明、善解人意。没过多长时间，驯象师和白象之间就已经建立了良好的默契。在国家的一次庆典上，国王骑着白象进城参加庆典活动。由于白象实在太漂亮了，人们都围拢过来，一边赞美，一边高呼："象王！象王！"面对这样的情形，国王似乎有了一种受到冷落的感觉，他觉得那些本该属于自己的赞美和光彩都被这头可恶的白象抢走了。想到这，他心里更是生气和嫉妒了。很快，闷闷不乐的国王回到王宫，他立即召见驯象师问道："这头白象，能在悬崖边展现它的技艺么？"驯象师说："应该可以。""好，那我们现在就让它在波罗奈国和摩伽陀国相邻的悬崖上表演吧。"马上，国王带领大臣们和驯象师、白象来到了悬崖边上。国王说："这头白象能以一脚站在悬崖边上么？"驯象师很惊讶国王为何提出这样的要求，但他还是对白象说："小心点儿，伙计，缩起三只脚，用一只脚站立。"白象谨慎地照做了。围观的大臣、民众顿时报以热烈的掌声为白象喝彩！国王彻底气急败坏了，他咆哮着对驯象师说:"它能把全身悬空吗?"驯象师此时完全明白了国王的意图,他悄悄地对白象说:"国王存心要你的命,再待在这儿是很危险的,你就腾空飞到对面的悬崖吧!"刚说完,白象真的悬空飞了起来,载着驯象师飞越悬崖,进入波罗奈国。波罗奈国的国王听了驯象师的讲述后,叹道:"人为何要因为一头象而这么计较、嫉妒呢?"

所以说,人生在世,一定要有一颗平和的心,切不可心怀嫉妒。俗话说:"己欲立而立人,己欲达而达人。"别人有所成就,我们不要心存嫉妒,应该平静地看待别人所取得的成功,这是拥有幸福人生的秘诀。

在一个小山村里,有一对心胸狭窄的小夫妻,他们总是因为一点儿小事就争吵个不停。一天,妻子拿瓢到酒缸里去取酒。妻子探头朝缸里一看,瞧见酒中竟然有一个女人。她立刻大喊起来:"死鬼,竟然敢瞒着我偷偷把女人藏在缸里面,今天终于给我逮到了,看看你还有什么话可说。"丈夫听了糊里糊涂地跑过来往缸里一瞧,见有一个男人在缸里面,不由得骂起来:"你这个坏婆娘,明明是你把男人领回家藏在酒缸里,反而诬陷我!"夫妻俩越吵越凶,妻子干脆举起手中的水瓢向

第二章 善待生命

丈夫扔去,丈夫还了妻子一个耳光,两人扭打成一团。最后闹到了官府,官老爷听完夫妻二人的话,命衙役把缸打破。一锤下去,缸破了,酒汩汩地流了出来。夫妻二人往地上一看,连半个男人或女人的影子都没有。直到现在他们才明白,他们先前所嫉妒的不过是自己的影子而已。

嫉妒心强的人把自己的热情就在这种无益的争吵中消耗掉了,他是在同自己的嫉妒谈话。生活中,我们遇到怀疑的事情时,总是常常习惯于过早地下结论,不能耐心地、客观地、理智地分析,从而使我们不能了解事实真相。尤其在生气的时候,就像上述故事中的那对小夫妻一样,不能冷静地思考分析,反被嫉妒心冲昏了头脑。一个人只有通过冷静的思考,准确地分析自己,慎重对待成功与失败,才能使自己从嫉妒的心理中解脱出来。事实也证明了,有效的自我抑制,对于克服嫉妒是非常有效的一种手段。

嫉妒,从某种意义上说,是人类的一种普遍的情绪。现代社会是一个崇尚成功的社会,然而在激烈的竞争当中,有人成功,就必然会有人失败。失败之后所产生的由羞愧、愤怒和怨恨等组成的复杂情感就是嫉妒。可以说,我们任何人都会有这种心理。如果让这种嫉妒在心里蔓延,必然会引起许多不必要的麻烦，为我们的生活增加负担，造成人与人之间的不和谐。

　　当今社会是个竞争日益激烈的社会，人际关系越来越复杂、微妙。可以说，只要是身心健康的人或轻或重地都有这种心理，只不过是有些人易表露，有些人善于掩饰而已。有这种心理并非坏事，如果把问题处理好了，则是一种催人积极奋进的原动力——学会取人之长，补己之短。如果处理不好，妒火中烧，就会引发不正当竞争，惹出许多是非来。

　　所以你必须要对嫉妒这一情感引起足够的重视。如果你产生了嫉妒的心理，也用不着太紧张，因为嫉妒是可以化解的，只要我们不为一时的痛快，不为一时的宣泄，自然会放下嫉妒的包袱。这时，你会发觉自己的步子更加轻松而愉悦。如果别人的嫉妒能把你打倒，这说明你不是最优秀的，虽然可能是优秀的，在意志上却算不上优秀。面对嫉妒者的中伤，一般人最容易做出的也是最下策的反应就是反唇相讥，这样，你会因为别人的无聊，而使自己也变得无聊，甚至有可能陷入一场旷日持久、又毫无意义的纠葛之中。拜伦说过："爱我的我报以叹息，恨我的我置之一笑。"是啊，对嫉妒者的中伤，最曼妙的回答莫过是让心灵安详地微笑！

与人分享

子曰:"仁者不忧……不仁者,不可以久处约,不可以长处乐。"孔子认为,和他人分享快乐的习惯是仁者的习惯,自然就可以长处乐境。

创造快乐的主动权就在我们自己手中,善于将快乐和他人共享,快乐将永无止境。

美国一位心理学家指出:快乐是一种心理习惯,快乐是一种个性化的生活态度,快乐是一种健康的气质。

有一个人从他的好友那里弄到一包名贵的郁金香种子。据他的朋友说,这些种子品种纯正,将来会开出艳丽的花朵。这人高兴极了,他也非常珍惜这些种子。春天,他精心地把种子种在自家的院子里,其后拔草、除虫他都做得无微不至。终于，郁金香成片地开放了。但让他失望的是，满园子的花都开得五颜六色，根本就不是他原来所期望的那些纯正的、名贵的荷兰货。对此，他感到万分奇怪，就去向花卉专家请教。

专家听了他的话，问："你的邻居是否也种郁金香呢？"

他说："是呀，不过他们种的都是普通的品种罢了。"

"这就对了，你的花之所以这样，就是由于花粉传播造成的。其他种类的郁金香花粉从邻居院里飘过来，导致你的院子里开出了杂交郁金香。"专家回答说。

"那我怎么办呢？"他问，"难道我就培养不出那些纯正的郁金香了么？"

"把你的那些珍贵的种子也分一些给你的邻居，这样问题不就解决了么？"

他回去后按专家的方法照办了。后来，他的院子里果然开出了纯种的荷兰郁金香。

给别人快乐，自己也会得到快乐；给别人亲切的微笑，自己也会迎来和善的笑脸。幸福的最大秘诀是，让自己身边的人快乐。

"我个人迈出了一小步，人类却迈出了一大步。"这是阿姆斯特朗在迈上月球时所说的一句话，也正是因为这句话，使

第二章 善待生命

他变成了那个时代家喻户晓的名人。他的光环完全掩住了和他一同执行登月计划的另一个航天员,他就是奥尔德林,后者的名字显然对我们来说是很陌生的。

后来,在一次庆祝登月成功的记者招待会上,一位记者向奥尔德林提出了一个问题:"阿姆斯特朗成为人类登陆月球的第一个人,作为同行者,你是否感觉到有点遗憾呢?"面对如此尖锐的问题,现场的气氛一下凝固了,在众人尴尬的注视下,奥尔德林风趣地回答道:"各位,千万别忘记了,回到地球时,我可是最先迈出太空舱的!"他环顾四周笑着说,"所以我是从别的星球来到地球的第一个人。"大家在笑声中,给予了他最热烈的掌声……

当把快乐作为生活的一部分时,我们就会感到非常快乐。我们知道,内心的快乐跟脸上的快乐有很大的差别,前者能使我们充满自律、对人生心怀希望、带给周围人同样的快乐。脸上的快乐虽具有能够消除害怕、生气、挫折感、难过、失望、沮丧、懊悔及不中用等不良情绪的能力,但当我们不管遭遇了什么事,还硬是要在脸上浮现笑容,就会使我们觉得再也没什么比这个更让我们难受的了。

海伦·凯勒曾经写道：任何人出于他的善良的心，说一句有益的话，发出一次愉快的笑，或者为别人铲平粗糙不平的路，这样的人就会感到欢欣。这是他自身极其亲密的一部分，以致使他终身去追求这种欢欣。海伦·凯勒正是同别人分享了优良而称心的东西，从而使自己得到更大的快慰。与别人分享的东西愈多，我们获得的东西就越多。

一位智者和一位友人结伴外出游历。在经过一个山谷的时候，智者一不小心跌倒了，还好有他的朋友拼尽全力拉住他，才使他免于葬身谷底。智者执意要将这件事情镌刻在悬崖边的一块石头上：某年某月某日，在此，朋友某某救我一命。又一次在海边，两个人因为一件事情争吵起来，朋友一怒之下，给了智者一耳光。智者捂着发烧的脸说："我一定要记下这件事情！"智者找来一根棍子，在沙滩上写下：某年某月某日，在此，朋友某某打了我一耳光。朋友看过之后不解地问他："你为什么不刻在石头上呢？"智者笑了，说："我告诉石头的事情，都是我唯恐忘了的事情，我要让石头替我记住；而我告诉沙滩的事情，都是我唯恐忘不了的事情，我要让沙滩替我忘记。"朋友听了，万分惭愧，两人又和好如初了。聪明的人懂

得善待别人，不会抓着对方的错误不放。

让我们将不值得记住的事情通通交给沙滩吧，让海水卷走那些不快，伴随着新一轮朝日诞生的是你无忧的笑脸、无瑕的心。

第三章

尊重你的工作

第三章　尊重你的工作

薪水，不是工作的全部

> 你必须要意识到：薪水袋中区区之数的取得，只是工作的低下动机，它可以使你获得面包，所以是必要的。但除此之外，你的执业公司也是你的另一所学校，它能丰富你的思想，增进你的智慧，丰富你的阅历，也为你更美好的明天铺平了道路。

在不少人眼里，薪水是他们工作的全部目的，"给我多少工资，就干多少活儿"，"不是自己分内的事一律不干"。短期看来，这些"精明人"的确没有吃亏。但从长远来看，他们却没有看到在工资背后深藏的更为珍贵的东西：工作给予你锻炼、训练的机会，工作提升你的能力，工作丰富你的经验，在工作中你将逐渐健全自己的品格、完美自己的职业道德，所有的这一切都是你将来薪水提高和职位提升的最充分的铺垫。那种"短视"的"等价交换"想法:"我为公司干活儿,公司给我工资,我对得起自己的工资",这使他们错失了诸多机会。这其实是现代版的"买椟还珠",你是拿到了和你劳动相对应的薪水,但你却因此失去了自己的前途和信心。

有人说过这样的一句话:拿多少钱,做多少事,钱越拿越少;做多少事,拿多少钱,钱越拿越多。细细品味,这话是很有道理的。如果你选择了前者,你的钱只会越拿越少,这就是你为工资而工作的结果。你当真愿意你的工资越拿越少吗?如果你不愿意,你就要确立工作第一的态度:千万不要只为了工资,也就是薪水而工作。

有这样的一个年轻人,他在一家公司工作已经整整3个年头了,可是主管对于他的薪水却没有丝毫的增长。面对这种情况,他实在难以容忍下去了。终于,他鼓起勇气对主管说:"我在这儿工作的时间已经很长了,按照常规,我的工资早就该有所增加了,可是为什么我的薪水没有提高呢?"主管乐呵呵地听完眼前这个满腹怨言的年轻人说完,并没有急于解释些什么,他只是轻声地反问说:"你觉得现在的你和刚进公司时有什么两样吗?"年轻人一时哑口无言。

第三章　尊重你的工作

或许你会觉得这个主管太过苛刻，但是换一个角度去思考这个问题，我们又可以推断出那个年轻人他本身一定存在问题，否则在公司供职长达3年的时间，个人能力却没有得到丝毫的提升，这正是主管不给他提高分毫薪水的原因吧。

诚然，我们工作是为了薪水，但工作绝不能只为了薪水，我们一定要清晰地认识到这一点。如果一个人只是为着薪水工作，而没有更高尚的目的，这实在不是一种明智的选择。在实际工作中，我们不要过分地计较薪水的高低，即使当前薪水很是微薄，也不要认为这与你的付出是不成正比的，从而对工作敷衍。如果你怀有这样的想法，那么受害最深的倒不是别人或你供职的公司，而是你自己。

就像在我们周围经常听到有人这样说："我现在不过是在为别人打工而已。为老板干活儿嘛，能混就混。如果我是老板，我自然会更加努力。"但是，事实往往并非如此。

马克头脑机灵，颇具才华，他就是常常怀有这样的想法，因而对待当前的工作漫不经心。一年以后，他终于辞职开始了自己的独立创业历程。但是不过半年，他的公司就宣告倒闭了。

出现这种结果，想必也是意料之中的事。试想一个人如果曾经对待工作漫不经心，那么这种习气也必将影响到他的今后并且很难改变，无论他从事何种行业，或是自己当老板，失败也是不可避免的。

但是，众多初涉职场的年轻人却不这么认为。他们对工作的意义并没有足够的认识，在他们看来工作只不过是一个谋生的饭碗而已。其实，他们不明白老板支付的报酬固然是金钱，但你在工作中给予自己的报酬，却远远比薪水要珍贵得多。

不要只为了薪水而工作，一名卓越的员工一定要认识和做到这一点。否则的话，就会因为将眼睛紧盯着工资而封闭了自己的视野，就会在无形中将自己困在只装着少许工资的信封里，从而将人生最有价值的东西丢失了。

霍华德先生的职业生涯可谓一帆风顺，短短两年时间他就"连升三级"。在谈及成功经验时他说："这其实也很简单。在我初入公司的时候发现，每天老板都工作到很晚。并且在这段时间内，他经常寻找一个能够帮他做些重要的事务的人。于是，我就决定下班后留在办公室内，看看能够提供任何他所需要的帮助。就这样，时间久了，老板就养成了有事首先叫我的习惯。"

霍华德先生这样做是为了薪水吗？当然不是。事实上，他的确是没有获得一点儿物质上的奖励。但是由于他的付出，他得到了老板的赏识和一个成功的机会。也正因为如此,他的职业生涯才能在短短的时间内就获得了巨大的成功。

美国钢铁巨擘查尔斯·迈克尔·施瓦布说:"如果对工作缺乏热情,只是为了薪水而工作,很可能既赚不到钱,也找不到人生的乐趣。不论你选择的事业能够为你带来多么微薄的报酬,只要你用满腔的热忱去全心投入,必然能够开创崭新的局面,每天工作的时候自然都会感到充实快乐。金钱不过是增添人生风味的调味品而已,不要被钞票牵着鼻子走。"

IBM前营销总裁巴克·罗杰斯曾经这么说过:"我们不能把工作看作为了五斗米折腰的事情,而必须从工作中获得更多的意义才行。我们要从工作中找到尊严、乐趣、成就以及和谐的人际关系。"

生活中,我们每个人都需要钱,这是毋庸置疑的事情。但是,工作又绝对不仅仅是我们为了获取薪水谋生的手段,而是我们用生命去做的事情!世界上最卑微的员工,就是那些只为了薪水而工作的员工。

我工作，我快乐

> "愚人向远方寻找快乐，智者则在身旁培养快乐。"快乐是什么？快乐就是自己感到幸福或满意。只要我们对自己的人生满意了，我们就拥有了快乐。快乐是生命的至高境界，是我们每个人最高的人生追求。

泰戈尔在《人生的亲证》中写道："我们的工作日不是我们的欢乐日——因此，我们要求节日，我们在自己的工作中不能找到节日，所以我们是不幸的。河流在向前奔腾中找到它的节日；火焰在其燃烧中找到它的节日；花香在大气的弥漫中找到它的节日，但是我们每天的工作中却没有这样的节日，这是因为我们没让自己解放，因为我们没有愉快地、完全地将自己献身于工作，以致让我们的工作压倒了自己。"

现实生活中的人有哪些离得开工作呢？我们大部分时间

第三章 尊重你的工作

都需要在工作中度过。享受工作，把工作当作自己的节日，乐在其中，那么我们的工作必定会给我们带来欢乐。可想而知，如果你在工作中感受不到快乐，那么你的人生真的就会失去很多。所以，我们要在工作中寻找快乐。快乐是人生的最大追求，快乐的人必定善良，善良的心灵才会柔软纯净，才会感受花的微笑和风的叹息；快乐的人必定清心寡欲，懂得精神比物质需求更为重要。只要做到了这些，快乐的天使便会降临在你的生活中。

B.C.福布斯曾经说过："工作对我们而言究竟是乐趣，还是枯燥乏味的事情，其实全要看自己怎么想，而不是看工作本身。"把工作当作一种创造性活动，看作一种自我满足，一种艺术创作，全身心地投入，任何人都能从中获得快乐。

一位心理学家路过一座山，在山上遇见了两位石匠，他们都在用力地凿着石头。心理学家看见他们干得如此卖力，便走上前去询问第一位匠人："你喜欢做这个工作吗？"匠人皱着眉头抱怨道："谁会喜欢天天抡这个重得要命的铁锤来和这些没有感情的石头打交道啊？跟你说吧，这简直不是人干的活儿，但是为了生活，我也没有其他的选择啦！"听完他的话，心理学家认同地点了点头。他又走到第二个石匠面前，他看到这个石匠满面红光,嘴里哼着小曲儿,心理学家感到非常奇怪,便问道:"你一定是非常喜欢这份工作吧?"石匠抬起头,用手擦去了额头上的汗珠,憨厚地笑笑说:"确实如此,我很喜欢这份工作,每当我想到这些粗笨的石头经过我的雕琢将被别人欣赏的时候,我就感觉到了由衷的自豪!"心理学家被这个石匠朴实的语言震撼了,他简直无法想象,一个做如此粗俗工作的石匠,竟然会有如此高尚的想法。

若干年后,第二位石匠成了远近闻名的雕刻家,而第一位石匠仍旧像原来一样一边抱怨着,一边重复着那些机械的敲石头的动作。

面对同样的工作,在同样的环境中,两位石匠却有如此截然不同的感受。其实生活赋予每个人的成功机会是同等的,只是人们所处的心态不同。就像第一个石匠满腹牢骚,把手中的工作视为无奈之举,得过且过,结果就是一事无成;第二个石匠则用一种愉悦的心情、积极的态度来对待工作,所以生活总是会把成功的收获带给他。如果我们都能在自己的工作中找寻快乐,用自己的热情去构筑未来,那岂不是一举两得的事情么?

因此,我们一定要认识到所有的工作都是没有捷径的,只能苦干加巧干才能取得成功。99%的汗水加1%的灵感等于成功,这就是爱迪生的生活。

其实,对待工作能否快乐,这完全取决于你的心态。对于身处职场中的你来说,必须要有这样一种意识:工作是一种使命,必须深爱着它,并以饱满的热情去完成它。只有这样,即使工作再苦再累,你也会乐在其中。

当然,工作当中肯定存在太多的理由让我们感觉到并不快乐,诸如工作太单调、和同事相处不好、薪资不如意、客户搞不定,等等。但是,换一种思维方式对待你的工作将会大有裨益。我们没有任何理由不对工作心存感激之情,工作不仅使我们衣食无忧,而且使我们在经济上具有独立性,从而具有独立人格的尊严;工作能体现我们的个人价值和社会地位,因此工作可以使我们更健康;工作能让我们获得成就感,因此工作给人带来的快乐是其他任何事物所无法给予的。

用快乐去诠释工作,人生就远离了怅恨与烦恼。快乐工作已经被作为企业文化的特征之一,越来越受到认同和倡导。只要怀着感激之情对待你的工作,工作回馈给你的一定是事业的成功和人生价值的实现。微笑着去迎接每一天的工作吧!让我们从工作中寻找人生的快乐吧!

选择你最感兴趣的工作

> 每一个人都应该努力根据自己的特点来设计自己,量力而行。根据自己的环境、条件、才能、素质、兴趣等,确定进攻方向。

古人云:预则立,不预则废。可是从我们刚刚懂事的时候开始,我们的父母、师长就耳提面命地教导我们要追求上进,要出人头地,要做到最好、最强、最出色、最优秀。但是,他们却从来没有告诉过我们,怎样才能做到最快乐。于是乎,在长辈们的谆谆教导声中我们也渐渐迷失了自己的内心感受。在外界的"压力"下,纵使我们所面对的工作常常会让我们感到并不快乐,甚至感到压抑、郁闷,可是,我们却又常常不得不去面对这样的窘况。这样的状况还能持续多久呢?

第三章 尊重你的工作

处在当今这个日新月异的时代里,竞争空前激烈,只要你一个不留神就可能被竞争对手超过去。因此,我们就要提高做事的效率,就要创新发展,而唯有做自己感兴趣的事才是实现这一目标的重要前提。

有这样一道智能测试题:在比尔·盖茨的办公桌上有五只带锁的抽屉,分别贴着财富、兴趣、幸福、荣誉、成功5个标签,盖茨总是只带一把钥匙,而把其他的4把钥匙锁在这个抽屉里。请问盖茨带的是哪一把钥匙?其他的4把钥匙在哪一个或哪几个抽屉里?

据说,这是2001年5月美国内华达州麦迪逊中学在入学考试时出的一个题目。现在你登录美国麦迪逊中学的网页时,你还可以发现比尔·盖茨先生留给该校的回函,函件上写着这样一句话:在你最感兴趣的事物上,隐藏着你人生的秘密。没错,答案也正是隐藏在这句话里。比尔·盖茨先生带的就是"兴趣"抽屉上的钥匙,其他的4把钥匙都锁在这个抽屉里了。

诺贝尔物理奖的获得者丁肇中说过:"兴趣比天才重要。"兴趣可以增强职业的适应性。谁找到了自己最感兴趣的工作,谁就等于踏上了通向成功的道路。有研究表明,如果从事自己感兴趣的职业,则能发挥出全部才能的80%~90%,否则就只能发挥全部才能的20%~30%，而且在从事你所不感兴趣的职业的时候，是会很容易感到疲劳和厌倦的。一个人只有从事自己感兴趣的工作，才能取得非凡的成就。

世界上最伟大的科学家爱因斯坦曾经收到这样一封信，信中邀请他去以色列当总统。面对如此"高官厚禄"的诱惑，让人大跌眼镜的是爱因斯坦竟然婉言谢绝了。爱因斯坦在回信中说："我整个一生都在同客观物质打交道，因而缺乏天生的才智，也缺乏经验来处理行政事务及公正地对待别人。所以，本人不适合如此高官重任。"

现在看来爱因斯坦的选择当然是明智的，因为他清醒地知道，他所感兴趣的是数学和分子物理学，虽然他在这一领域独树一帜取得了成功，可这并不代表他在任何领域都是万能的。试想，如果爱因斯坦不能拒绝如此诱惑而答应下来，那么这个世界上就很有可能少了一位伟大的科学家，少了相对论，而仅仅多了一位庸庸碌碌的政府官员罢了。

所以，快乐工作的一个重要因素，就是对你的工作有足够的兴趣，要发自内心地喜欢这份工作。因此，在你选择工作的时候，就要充分考虑到你的兴趣所在，你不妨首先列出你所感兴趣的行业，接着挑选自己最感兴趣的那一项，然后就全身心地投入其中吧。你选择行业的标准是兴趣而非你所学的专业，千万不要一味地过分强调你的专业而选择你要进入的行业，除非你的专业就是你的兴趣所在，因为只有那些你感兴趣的东西才能够给你今后的发展提供足够的原动力。

做你最擅长的事

> 不同的人会有不同的职场定位,知道自己擅长干什么、不擅长干什么,才能逐步走向成功。正如比尔·盖茨所说:"知道自己究竟想做什么,知道自己究竟能做什么,是成功的两大关键。"

或许你一面对那些复杂的几何图形就感到头疼不已,但是你却有天生的巨大臂力;或许你和爱因斯坦一样只能制作"世界上最糟糕的小凳子",但是你却有一副动人的歌喉;或许你的演讲口才差一些,甚至紧张的时候还会结结巴巴的,但你写小说、诗歌却是能手;或许你一面对那么多的英文单词和语法就头脑发木,但你在处理事务方面却有特殊的本领;或许你不善于体育项目,但是你的棋艺却是非同寻常。如果你能够冷静

第三章　尊重你的工作

头脑，对自己做一个正确的分析，从而认识到自己的长处，扬长避短，认准目标，把一件事情或是一门学问刻苦认真地做下去，久而久之，自然就会取得丰硕的成果。用心去做你所擅长的事，你终会取得成功的。

皮尔·卡丹曾经这样对他的员工说："如果你能真正地钉好一枚纽扣，这应该比你缝制出一件粗制的衣服更有价值。"历经商海沉浮、东山再起的风云人物史玉柱也曾这样说过："一个人一生只能做一个行业，而且要做这个行业中自己最擅长的那个领域。"

可以说，人生的诀窍就是经营自己的长处，找到发挥自己优势的最佳位置。你所经营的是自己的长处，就能使你的人生增值。反之，你所经营的是自己的短处，则会使你的人生贬值。正如富兰克林所说的那样："宝贝放错了地方便是废物。"

英国著名诗人济慈，原本是学医的。一个很偶然的机会，他发现了自己写诗的才能，于是当机立断，把自己的整个生命投入到诗歌的创作当中去。虽然他只活了二十几岁，但他所创作的许多不朽诗篇却永远为人们所传颂。马克思在年轻的时候曾梦想做个诗人，而且为了这个梦想他也曾努力地去创作过一些诗歌，但他很快就发现自己的长处并不在这里，便毅然放弃了作诗人的梦想,转到社会研究上去了。试想,如果这两个人都不善于经营自己的长处,如果他们两个人都不能正确地认识自己,那么英国至多不过增加了一位蹩脚的医生,而在国际共产主义运动史上,则肯定要失去一颗最耀眼的明星。

约翰·梅杰,47岁登上首相宝座,他是英国近百年来最年轻的首相。然而,天赋异禀似乎和少年梅杰贴不上边,青年时期的梅杰仍旧没有表现出超强的过人之处。在他16岁时因成绩太差而被退学,后来在报考公共汽车售票员这一职位时,又因心算能力差而未被录取。看到这些,你也许更加想不通了:这样一个连常人能力都不及的人后来怎么当了首相呢?对此,梅杰在他的个人自传中是这样说的:"首相不是售票员,用不着会心算。"由此我们可以看出,一个人事业成功与否,在很大程度上取决于能否经营自己的长处,扬长避短。

一个公司的中层干部,在企业的改制过程中受聘担任公司的总经理。但是,公司经营状况每况愈下,使他不得不辞去职务。他为何会失败呢?事实上,这完全是他没有清醒地认识自己的缘故,他只是简单地以为总经理这个职位有很高的地位,工资又高,而且又人人想当,却没想到总经理有总经理的职责,他没有衡量自己的能力就盲目地接受了,所以失败也就在所难免了。

第三章 尊重你的工作

在许多年前,日本精工株式会社在纽约雇用了一个美国人当门卫。这个门卫精明、干练,很快社长觉得让这样一个人只是做门卫实在是太可惜了。

一天,社长把这个美国门卫叫到他的办公室里对他说:"基于你的表现,现在我想提升你为办事员。你的薪金也可以相应增加一些,不知你的想法如何呢?"

门卫先是默不作声,过了一会儿,出人意料的回答从他的嘴巴里传了出来:"难道我做错什么事情了吗?我干门卫已经有15个年头了。公司为什么要把我宝贵的经验一笔勾销,让我去面对我所陌生的工作呢?我认为这是一个对我的无理和侮辱。"

或许你会对此感到疑惑不解,在你公司的同事中有多少人都在翘首等待着升职、加薪的机会,但这位门卫却主动拒绝了升迁的机会,难道是他不喜欢更高的职位和更多的薪水吗?当然不是。这个门卫无疑是清醒的、理智的,他觉得自己适合干的就是门卫的工作,于是他把自己定位在门卫这个位置上。

所以说,人贵有自知之明,每个人都应当对自身有一个清醒的认识,对自己在社会工作生活中可能扮演的角色有一个明确的定位。

热爱你的工作

> 如果你表现得"好像"对自己的工作感兴趣,那一点表现就会使你的兴趣变得真实,还会减少你的疲惫、你的紧张,以及你的忧虑。

比尔·盖茨说过:"一名优秀员工应该热爱自己的工作,根据岗位职责做好本职工作的同时,能干一行、爱一行、钻一行、专一行。"20世纪最伟大的成功学大师、美国现代成人教育之父戴尔·卡耐基也曾说过:"除非喜爱自己所做的事,否则永远也无法成功。"

作为一名员工,既然选择了一家公司,那就要把自己的事业和公司的发展结合起来。热爱你的工作就意味着你必须要以高度的工作热情,忘我、全身心地投入到工作中去。只有这

第三章 尊重你的工作

样,你才能与公司同生死、共命运。在公司兴旺发达时,你就会因此而有巨大的成就感和荣誉感。同时,公司也会为拥有像你这样优秀的、忠诚的员工而自豪,你也同样会为与这样优秀的公司合作而光荣。

具有"工人专家"美誉的青岛港集团桥吊队队长许振超,是一位只有初中学历的工人。30年来,他凭借着勤学实干、刻苦钻研、"干一行,精一行"的精神练就了"一钩准""无声响操作"的绝活儿,从而成了青岛港桥吊队的操作标兵。就是凭借着这股子对工作的高度热情,在他的带领下全队创造出了无论多大船只全部10小时以内就可以完成作业的全国最高效率,即"振超效率"。他还创造了每小时单机效率70.3自然箱和单船效率339箱两项世界纪录。另外,许振超还搞了十几项技术革新,排除了机械故障70多次,成为青岛港科技创新成果获奖最多的一线工人。

正如余秋雨先生所说:"工作的追求,情感的冲撞,进取的热情,可以隐匿却不可贫乏,可以泻然而不可以清淡。"当一个人能够以积极的心态全身心地融入他的工作当中去,并且把这种积极和热情变成为一种习惯时,他个人的职业生涯就会因此变得更为圆满,事业也会变得更有成就。

《吕氏春秋》中有:"人之情,不能乐其所不安,不能得于其所不乐。"意思就是说，人不能在不安心的地方感到快乐，也不能从不喜欢的地方得到满足，这是人之常情。但是，如果你能在你的工作中找到快乐，并且热爱你的工作，你就能成功。诚然，在残酷的现实中，当你的能力和经验不足的情况下，很多人还是不能自由选择工作的，但我们也不要忘了，我们此时虽然没有选择工作的能力，但我们有机会选择对待工作的态度。

一个年轻人，大学毕业后便到一大型公司任职。工作中，凭着年轻人的闯劲，他干劲十足，甚至被同事称之为"工作狂人"，但是他却并未因此而感到快乐。直到有一天，他在网上看了一期主题为"谁是合格的职业经理人"的节目，才使他深受触动。在节目中，受邀嘉宾——某知名企业的CEO给职业经理人提了一个建议：你首先应该热爱你的工作。

他细细地品味着这句话，深深地反思自己工作以来的心态，最终他找到了使他不快乐的症结所在：我工作起来虽然干劲十足，但是我所热爱的是工作的成功，我对工作本身并不热爱，工作对于我来说只不过是一种寻求成功的跳板而已。

肯·布兰查德博士在他的畅销作品《鱼》中告诉我们：爱

第三章 尊重你的工作

你所做，如鱼得水。这里我们不难看出，你只有爱你的工作，你对工作的狂热才可以延续几年，甚至几十年。

如果你感觉你的工作充满了乐趣，它不仅让你赚到前所未有的丰厚报酬，即使你在与难缠的客户应对过程中，你也会发觉可以学到那么多你所不知道的新奇事物。那么，你的这种积极的态度就会经常让你感到精力充沛，使你的工作效率提高，你也会因此感到快乐。也因为你很快乐，所以你的工作效率又跟着水涨船高了。

然而在我们的日常生活中，我们可能总会面对自己不感兴趣的事情。很多人在面对自己不感兴趣的工作时，很容易产生消极的情绪和应对方式，如紧张、沮丧、拖延、回避或敷衍等行为。你的负面情绪油然生起，你的注意力更多地放在工作上的不如意方面。你的头脑中也常常被这样一些话语所占据："也许我到甲公司可以多赚一些钱，而且不会这么累！""或者我到乙企业可以获得更高的职位，那我就会变得快乐了！""到丙公司的话，我可能可以晚一点上班，又早一点下班吧！"

于是，许多人会突然间辞职、调换工作，有的人甚至频繁地跳槽。事实上呢，当这些人转换了工作方向以后，却又突然发现，他们还是像先前一样并不快乐。其实，他们并不知道，做好自己不感兴趣的事情恰恰是每个成功人士的必修功课，也是部分成功人士的秘诀。当你耐心地把那些你不感兴趣的事情做好时，这当中不仅能够丰富你的学识、提升你的修养，更是你个人成熟的标志。所以，我们都应该勉励自己，努力做好那些自己虽不感兴趣而又对自己有益的事情。

如果你能在工作中找到乐趣，就能在工作中忘记辛劳，得到欢愉，从而你也就找到了通向成功之路的秘诀。

如果你在工作中找不到自己所喜爱的部分，你就需要仔细思索一下了：我是否需要一份新的工作？或为现有的工作找一个新的方向？我是否喜欢工作中的自己？自己为何对现有的工作感到不满意……

当这些问题考虑清楚后，就会使你的自我意识得到加强，从而激发出你的良性工作成就感，你就能作出更加理性的选择：是重新唤起对现有工作的激情，还是尝试改变一下工作的方向？但是，不管你作出如何选择，热爱你的工作都是必需的。只有当你死心塌地地热爱你所从事的工作时，你才能在工作中找到最多的乐趣，获得最大的成就感，发掘出你内心蕴藏的活力、热情和巨大的创造力，为你的人生画上精彩的一笔。

第三章　尊重你的工作

将敬业当成一种习惯

> 如果一个人以一种尊敬、虔诚的心灵来对待职业，甚至对职业有一种敬畏的态度，那他就已经具有了敬业精神。所以，敬业是职业精神的首要内涵，是职业道德的集中体现。

孔子称敬业精神为"执事敬"，朱熹解释敬业为"专心致志，以事其业"。现代意义上的敬业，就是尽职尽责、忠于职守、认真负责、全心全意、善始善终、一丝不苟，等等。我们把这些特点概括起来，用三个字来形容就是责任心。这是一种积极向上的心态，是职场从业者的基本价值观和信条。敬业是一种使命，是人类共同拥有和崇尚的一种精神。

大家对木桶理论一定都很熟悉，一个木桶所能装水的多少完全取决于最短的那块木板。如果把一个员工的各项素质和技能都看成是一个木桶，他对企业所做的贡献将取决于责任心那块木板。如果没有责任心来支撑，再多的知识、再强的能力对于公司来说都是没有多大意义的。有一项调查显示，现在大多数的用人单位已不将学历作为公司招聘的首要条件，在他们看来，正确的工作态度才是公司更需要的；其次才是工作技能和工作经验。由此可见，任何公司首先欢迎的是有责任心的员工。你的责任心有多大，你就可以走多远。

年轻的小马在一家钢铁公司谋得一职。第一天上班，他就发现在废料场上有很多炼铁的矿石并没有得到完全的冶炼。这样的情况持续下去会使公司遭受很大的损失。于是，他把这种情况报告给了负责技术的工程师，但工程师很自信地拒绝了他这一建议：他决不相信公司如此一流的技术会出现这样低级的问题。

小马无法，他只好拿着没有冶炼好的矿石到公司负责技术的总工程师处反映情况。总工程师认真听完他的讲述后，出于职业的敏感他意识到，绝对是出问题了。

第三章　尊重你的工作

总工程师马上召集负责技术的工程师到车间召开现场工作会议，果然发现了一些冶炼并不充分的矿石。经过检查发现：这只不过是监测机器上的某个零件出现了松动才导致问题的发生。公司董事长知道了这件事，他不但奖励了小马，而且还晋升他为负责技术监督的工程师。董事长在全体工作会议上感慨地说："人才是重要的，因此我们能够拥有一流的技术。但对于一个企业来讲，它所需要的更是那些真正敬业到位的人才。"

的确如此，敬业，首先是一份工作宣言。在这份宣言里，你首先表明的是你的工作态度：你要以高度的责任感对待你的工作，不懈怠你的工作，对于工作中出现的问题能勇敢地承担，这是保证你的工作能够有效完成的基本条件。

责任心，就是敬业精神的核心内容，甚至把它理解为一种崇高的精神境界也一点不为过。敬业，就是尊重并重视自己的职业，对此付出全身心的努力，即使付出再多的代价也心甘情愿，并能够克服各种困难做到善始善终。但是在企业里，你是否会发现这样一些人，他们总是在工作中偷懒、不负责任。这样的员工，在他们的头脑中根本对敬业就没有一个正确的理解，更不会把工作当成一种神圣的使命。

有一个老木匠，他今年已经65岁了，他告诉雇主他的年纪大了，已经干不动了，是时候该回家与妻子儿女享受天伦之乐了。老木匠一辈子老实巴交的，每次见到他总是在那里闷头干活儿，因此雇主也很器重他。经过再三的挽留，老木匠似乎决心已定，雇主只得答应了他的请求，但还是要求他再建造最后一座房子。老木匠为了能尽快回家，只得答应了。可是，现在老木匠的心思已经不在盖房子上了，他只想快点、再快点完工，对于建筑中所需要注意的问题，他也懒得再多花费心思去琢磨，往日的敬业精神已不复存在了。

很快，房子竣工了，雇主来了，他拍拍老木匠的肩膀，把一把钥匙交到老木匠的手上诚恳地说："老伙计，这房子归你了，这是我送给你的退休礼物。"老木匠顿时感到十分的震惊和悔恨，回想自己这一生盖了无数好房子，最后建了一座这样粗制滥造的房子，自己却要住进去。这真是莫大的讽刺啊！出现这样的结果或许就是因为老木匠没有把敬业精神贯彻到底的缘故吧。

所以说，一个人一生都要对自己的工作保持敬业精神，直到他退休前的那一刻；做任何事情都要善始善终，前面做得再好，也可能会因为最后一刻的放松而功亏一篑，前功尽弃。

对于敬业精神，有些员工似乎天生具有，工作对于他们来说只要一接手就可以做到废寝忘食，但有些员工的敬业精神则需要培养和锻炼。美国著名心理学博士艾尔森对世界100名各领域中的杰出人士做了一项问卷调查，结果61%的成功人士坦承，目前他们所从事的职业不是他们内心最喜欢做的，至少不是心目中最理想的。既然他们不喜欢眼下的工作，为何又能做得那么优秀呢？

出身于音乐世家，现如今为美国证券业界风云人物的苏珊对此作出了这样的回答："这是我应尽的职责，必须认真对待。不管喜欢不喜欢，那都是一定要面对的，没有理由草草应付。那是对工作负责，也是对自己负责。"

"这是我应尽的职责。"这句话真的很耐人寻味，它体现出这些成功人士对他们现在所从事工作的敬重，这就是"在其位，谋其政，成其事"的敬业精神。

事实上，生活中由于种种原因，纵使那些所谓的"名门之后"也不一定从事他们所喜欢的工作，我们这些"常人"大多也会出现这种情况。但你绝对不能因为不喜欢，就成为对工作敷衍了事的借口。我们应该做的是，用自己的态度来控制工作，而不是让工作来左右我们的态度。

　　作为一名职场人士，更应当将敬业当成一种习惯。即使在极其平凡的职业中，处在极其低微的位置上，拥有敬业精神往往也会给我们带来极大的机会。哪怕只是从事修鞋的工作，有人把它当作艺术来做，全身心地投入进去，不管是一个补丁还是换一个鞋底，他们都会一针一线地精心缝补。这样的补鞋匠，你会觉得他就像一个真正的艺术家。反观那些没有敬业精神的补鞋匠则截然相反，在他们看来，这仅仅只是一种谋生的手段。

　　现实生活中也常常存在着这样一群善于投机取巧、逃避责任、寻找借口的人，他们不仅缺乏对于敬业精神的一种神圣使命感，更是缺乏对于敬业精神的世俗意义的理解。一些人，本来很有才华和能力，但是他们对待工作却自由散漫，缺乏敬业精神，这种人将很难得到别人的尊重。一个对工作不负责任的人，是无法从工作中体会到快乐的。当你将工作推给他人的时候，实际上也是将自己的快乐和信心转移给了他人。

　　只有当我们将敬业变成一种习惯的时候，就会发现我们能从中学到更多的知识，积累更多的经验，能从全身心投入工作的过程中找到更多的快乐。如果你自认为敬业精神还不够，那么就应

第三章　尊重你的工作

趁年轻的时候强迫自己敬业——以老板的心态对待公司！经过一段时间之后，你就会发现，敬业已经成为你的习惯。

清晰目标，明确梦想

梦想，是我们心中的一盏明灯，它照亮了我们前进的方向。在我们的生命中，也正是有了这些精彩纷呈的梦想，才会使我们的生活呈现出如此多的色彩斑斓。没有了它们，我们的生活也就失去了意义。

犹如灯塔给黑夜中航行的船指引方向一样，目标就是我们工作的灯塔，它指引我们一步一步向成功迈进。一个人只有首先拥有了远大的目标，才有前进的方向，才有成就大事的希望。没有目标或没有能够达成这项目标的计划，那么不管你如何努力，最终结果都只不过是在浪费自己的时间、浪费公司的资源罢了。

"新生活是从选定方向开始的。"这句话出自世界著名的旅游胜地比塞尔村中的一座纪念碑上。比塞尔位于浩瀚的撒哈

第三章　尊重你的工作

拉沙漠中，是一块面积仅1.5平方公里的绿洲。千百年来，比塞尔人与世隔绝，就生活在这1.5平方公里的范围之内，他们的祖祖辈辈也从没有一个人能够走出过这片大沙漠。直到1926年，肯·莱文发现了这个村庄，并且教会了当地居民识别北斗星以确定方向的方法，比塞尔人才相继走出了这片沙漠。为此，比塞尔人在村庄的中心建立起这样一座纪念碑。是啊，新生活是从选定方向开始的。比塞尔人正是选定了正确的方向——北斗星的方向，并顺着这个方向一直走下去，才使得他们能够走出这片围困他们千百年的大沙漠。

美国前总统罗斯福夫人的求职经历也是颇耐人寻味的。前总统罗斯福的夫人在本宁顿学院毕业之后，她想在电信方面找一份工作。她的父亲就介绍她去拜访当时美国无线电公司的董事长萨尔洛夫将军。将军非常热情地接待了她，并且亲切地询问她想从事哪一份具体的工作。"这就要看您的安排了。"在将军的面前，她是一个十足的乖乖女，"随便您安排我做任何工作，我都乐意接受。"但是将军的脸色却凝重起来，说："据我所知，我们这里没有一份叫作'随便'的工作。"他非常严肃地说，"成功的道路是由目标铺成的！"

由此可见，确立明确的目标是你规划职业生涯的关键，事实也证明了只有那些切实可行的目标才是对你的职业生涯有益的，你只有目标明确才可以排除不必要的犹豫和干扰，从而全心地致力于目标的实现中去。

美国斯坦福大学做了一项关于人生目标与人生绩效关系的调查，在随机抽取的被调查对象中，50%的人目标模糊，不能自主；27%的人没有目标，他们往往采取随波逐流的人生态度；10%的人有明确的目标，为自己的未来精心设计；3%的人不仅有明确的目标，而且坚定不移地向着这个目标奋斗。25年之后，当再次跟踪调查这些人的现状时，发现那些没有目标的人几乎都是处在社会最底层，他们往往大多生活困苦；那些目标模糊的人，大多进入蓝领阶层；那些目标明确的人士成为白领阶层，进入上流社会；那3%目标明确、不达目的决不罢休的人，成为社会的顶尖人士、各行各业的领袖人物。这一调查结果充分显示了目标对人生的积极影响和极其重要的作用。

现实生活当中，又有多少人能够认识到这一点呢？很多人忙于工作本身，而没时间思考工作的意义，更没时间去想对公司的意义。每到下班时，才感到"今天我很忙，但不知道自己做了什么，总之是很忙"，第二天还是如此。在工作中，有的人从来没有一个长远的计划和明确的目标，总是"到时再说吧"，这个弱点使他们永远被拒绝在成功的门外，忙忙碌碌，却碌碌无为。

盖尔·希伊在《开拓者们》中，访问了6万多个各行各业的人士，最后归纳总结出那些最成功和对自己生活最满意的人都有一个共同的特点：那就是他们都致力于实现一个其实际能力所难于达到的目标。

生活中，我们每个人的眼前都应该有这样一个目标，这个目标至少在你本人看来是伟大的。制定自己的职业目标远没有想象的那么困难，你只要考虑一下你希望在多少年之内达到什么目标，然后一步一步往前走就可以了。目标的设定要以自己的最佳才能、最优性格、最大兴趣、最有利的环境等信息为依据。如果没有一个这样切实可行的目标作为驱动力，那么人们就会很容易对现状达成妥协。

成功，就是达到既定的、有意义的目标，没有目标就无所谓成功。你如果想在人生中获得成功，想要成就一番事业，就必须要有一个明确的奋斗目标。目标不是约束，不是羁绊，它是引导我们前进的指明灯。因此，一个人只有向着一项明确目标前进时，他才能产生巨大的力量去实现他的目标。

逐步实现你的目标

　　成功绝对不是一蹴而就的，我们只能挥洒自己的汗水，一步步地走向成功。其实，一天完成一点儿事情绝对不像事情的整个过程那么恐怖，因为把一个大的任务分割成若干细小的、易于消化的部分，就会使我们每天的行动都能收到实效，从而鼓起更大的干劲。

　　当你有了人生的大目标之后，你首先要做的就是把这个"大目标"细化成每天要完成的任务。否则，一个看起来很大的目标，就只能是一座海市蜃楼，只有把它逐步细化为人生的中短期奋斗目标，才使你每天的努力要比整个过程的奋斗容易得多。

　　当"人生教父"奥格·曼迪诺计划开始写一本约25万字的书稿时，他的心绪甚至感到烦躁不堪了，根本不能平静下来。

第三章 尊重你的工作

后来他改变了策略，按照全书的章节结构，每天只要完成一个部分即可，按照这个计划，写作任务进行的顺畅多了。他所做的只要去想下一个段落怎么写，而不是简简单单的下一千字该如何写，这样才思若醍醐灌顶，滔滔不绝了。

后来他又接了一件每天写一个广播剧本的差事，就这样一个个地积累起来，渐渐地他已经写了2000个剧本。每当回想起这段经历，他总是说，如果在这之前签一张"创作2000个剧本"的合同，那他一定会被这个庞大的数目给吓倒，甚至会干脆推掉，但实际上只是在每天写一个这样的剧本，经过几年的积累也就真的有这么多了。

当然，生活中并不是每一个人都具有这样的远见，能定下自己的目标，并按照一定的计划不断朝这个方向努力的。但是明确的目标对于事业的成功确实起着至关重要的作用。无疑，目标明确之后，只有这样按部就班做下去，才是实现你最终目标的唯一聪明做法。

1984年，东京国际马拉松邀请赛上出人意料地杀出一匹"黑马"，名不见经传的日本选手山田本一夺得了世界冠军。当记者问他是凭借什么取得比赛的胜利时，讷言的山田只是说了这么一句话："用智慧战胜对手！"众所周知，马拉松比赛靠的是体力和耐力的较量，当时许多人认为山田本一这样说不过是在故弄玄虚罢了。

两年后，在意大利国际马拉松邀请赛上，山田本一再次夺冠。当记者再次询问他成功经验的时候，他还是那句话："用智慧战胜对手！"这次大家虽然都认同了山田本一的实力，但还是对他这句深奥的话感到十分迷惑。

一直到10年之后，山田本一在他的自传中揭开了这个谜团，他这样写道："每次比赛前，我都会事先将比赛的线路仔细看一遍，并记下沿途比较醒目的标志，比如第一个标志是一个商店，第二个标志是一座红房子……这样一直到赛程终点。比赛开始后，我就以百米冲刺的速度奋力向第一个目标冲去，等到达第一个目标后，我又以同样的速度向第二个目标冲去……40多公里的赛程，就被我分成这么几个小目标，而被我一一征服。"

从山田的成功经历，我们不难看出，真正的成功来源于前进道路上的每一小步，不要幻想凭借好运就能一步登天。要把精力放在若干个短期目标上，你才能实现更长远的目标。坚持

第三章 尊重你的工作

不懈，每天都要为实现目标而努力。

在生活中，却常常存在着这样的一些人，他们妄想自己能一步登天，一夜成名，或者一夜暴富。实际上，这样的概率实在少得可怜，甚至可以忽略不计。许多人做事之所以会半途而废，并不是因为目标难度过高，而是因为他自己认为目标太高太远，望而生畏，正是这种心理上的因素导致了失败。如果我们像山田本一那样睿智，把四十多公里的赛程分解成若干个短距离，逐一跨越它，那么你就会感到很轻松。目标具体化可以让你清楚当前该做什么，怎样才能做得更好。所以说，我们要实现自己的目标也要讲究策略，要善于化整为零，从大处着眼，从小处着手，从小目标开始逐步突破！

你无法独自成功

> 如果你能够使别人乐意和你合作，不论做任何事情，你都可以无往不胜。

俗话说：三个臭皮匠，顶上一个诸葛亮。每一个人的个体力量都是有限的，不管他是伟人还是平常百姓。古往今来，那些想成大事者如果想用个人有限的能力创造出惊世伟业，必须善用众人的智慧和力量。的确，合作是人类不可或缺的生存方式，在社会分工越来越细的情况下尤其如此。

我们周围有很多人，他们经常被工作中的问题弄得焦头烂额。其实，有时问题完全没有他们想象的那么复杂，之所以他们觉得很难，是由于在他们的头脑深处只想到依靠自己的才华和能力去解决这些问题，而不善于去获取他人的帮助。有的人甚至过于表现自己,把本来可以帮助自己的人赶走了。

三国时期,群雄并起,逐鹿中原。开始的时候,袁术、董卓等人也曾形成割据一方的强大势力,但是最终因为他们心胸狭窄、嫉贤妒能,很快就灭亡了。而曹操、刘备、孙权却招贤纳士,善于用人,最终脱颖而出,奠定了三国鼎立的局面。

在植物世界当中,世界上最雄伟的当数美国加州的红杉了。它的高度大约为90米,相当于30层楼房那么高。一般来讲,越是高大的植物,它的根应该扎得越深。但是,红杉的根只是浅浅地浮在地表而已。通常根扎得不深的高大植物是非常脆弱的,只要一阵大风,就可能把它们连根拔起,更何况红杉这么高大的植物呢?后来人们研究发现,红杉不是独自长在一处,它们总是长成一片一片的红杉林。

"事实上,我们全都是些集体性的人物。就算是最伟大的天才,如果单凭所持有的内在自我去对付一切,也绝不会有多大成就。可是许多本来高明的人却不懂得这个道理。"世界上最伟大的思想家、作家歌德如是说。

有一个人被带去参观天堂和地狱,他先去看了魔鬼掌管的地狱。眼前的景象和传说中的大相径庭,他发现地狱中摆着一口煮食的大锅,人们都围坐在锅的周围,但个个都苦着脸。他又仔细地观察，发现每个人手上都绑着一只4尺长的勺子，那长长的勺柄使他们无法将锅里的食物送到自己嘴里，所以大家都只得眼睁睁地守着可口的食物而忍受饥饿的折磨。

上帝又带着这个人走进了天堂。天堂的景象和地狱一样，也是有一口煮食的大锅，锅周围也坐满了人，每个人手上也同样都绑着一只4尺长的勺子。然而，天堂里的居民却个个满脸红光，精神焕发，十分愉快。原来，这里的每个人都是用勺子从锅里盛出食物，喂给对面的人吃，同时也被对面的人所喂。因为大家都能够互相帮助，结果也使自己吃到了可口的食物。

这个故事的道理很简单，如果我们肯帮助其他人获得了他们所需要的东西，我们也会因此得到自己想要的东西。我们帮助别人越多，我们所得到的也就越多。天堂和地狱最大的区别就在于能不能、会不会、愿不愿与别人合作。

在我们的工作中，无论你是一位普通的员工或者是一位部门主管，你的工作都不是完全独立的，总会和别人的工作有着千丝万缕的联系，你必须要懂得："你无法独自成功。"因此，你必须要学会与周围的同事协作配合。只有在他们的协作努力下，你才能更快地达成你的目标。为了使你的工作更好、

第三章　尊重你的工作

更顺利地完成，你需要别人。同样，别人也需要你。

成功学家告诉我们，要提高自身的实力，最好的办法就是帮助他人成功。他人一旦成功了，肯定也不会忘记你对他的好，这样你就会获得更多的成功机会。

英俊潇洒的迈克是一位天赋很高的青年演员。但他毕竟刚刚在电视上崭露头角，现在的他极需要有人为他包装和宣传，以扩大他的知名度。不过，如果这些事情全部由他一个人来实施的话，势必需要一大笔开销，这对年轻的迈克来讲是承受不起的。

一次偶然的机会，迈克遇上了纽约一家公关公司的业务经理苏珊。两人一拍即合，迈克成了他们公司产品的代言人，而她的公司则为他提供宣传所需要的经费。一段时间过后，他们的合作达到了最佳境界，迈克不仅不必为提升自己的知名度花费大笔的金钱，而且随着名声的传播，也使得他在业务活动中处于一种更有利的地位。苏珊自己也出名了，很快为一些有名望的人提供社交娱乐服务，她也因此获得很高的报酬。

迈克和苏珊都取得了自己事业的成功，而且他们的合作更是取得了双赢的结果。通过合作，他们互相满足了对方的需要，同时也得到了自己想要的结果。

在我们的工作和生活中，即使你拥有很强的能力，你也不可能面面俱到，一个人的能量永远是有限的。所以，我们要善于与人合作，取人之长，补己之短，要经常运用这种合作的技巧，以让我们的工作生活变得更轻松、愉快。合作本身就具有无限的潜力，因为它集结的是大家的智慧和力量。也唯有如此，才能在合作中间互惠互利，从而使你自己的竞争资本得到提高。

在合作中寻找快乐

合作是一种能力，更是一种艺术。唯有善于与人合作，才能获得更大的力量，争取更大的成功。

某公司要招聘一个营销总监，报名的人很多，经过层层考试，最后只剩下三个人竞争这个职位。为了测验谁最适合这个职位，公司出了一道莫名其妙的题目：请三名竞争者到果园里摘水果。

三位竞争者一个身手敏捷，一个个子高大，还有一个身材矮小。看来，前面两个最有可能成功，但结果恰好相反，最后获胜的竟然是那个矮个子。这是为什么呢？

原来，这次考试是经过精心设计的，竞争者要摘的水果都在很高的位置上，很多都长在树梢。个子高的人，尽管一伸手就能摘到一些果子，但数量毕竟有限。身手敏捷的人，尽管可以爬到树上去，但是树梢的一部分，他就够不着了。而个子矮小的应聘者在刚进果园时，就很热情地和果园的园丁打了招呼，并且谦虚地请教园丁他该怎样摘这些树梢上的水果。园丁说他有梯子。于是，他提出借梯子。面对这个谦逊有礼的年轻人，园丁十分爽快地答应了他的请求。有了梯子的帮助，摘起水果来自然不在话下。因此，他赢得了最后的胜利，获得了总监的职位。

这道题目考查的就是通过对他人的关心和支持，赢得别人帮助和协作的能力！

在工作中，那些乐于助人、广结善缘的人，往往具有较强的亲和力，他们工作起来左右逢源、得心应手。相反，那些虽然自恃个人素质不错、优点很多的人，却不能很好地处理与同事之间的关系，以致在他们需要合作的时候却得不到他人有力的援手。实践已经证明，一些人之所以在他们的工作中感到吃力、乏味，主要是因为他们无法与他人和睦相处、坦诚合作。

一个人的力量毕竟是有限的，那些看似强大的力量其实都是由点滴的个人力量聚集而成的。所以，如果想要取得成功，

第三章 尊重你的工作

你就必须要拥有一个良好的人际圈子。你必须要清楚地知道要完成事业的辉煌,仅凭你一个人的力量是很难做到的。假使在你的成功道路上,你能够随时随地得到他人有益的帮助,那么你成功的机会就会多得多,也只有团结他人,你手中的力量才会更强大。良好的人际关系在我们的生活中真的很重要,但是,人际圈子并不是自然而然生长起来的,它是需要你来培养的。你只有用真诚和爱心才能巩固你的人际关系。

良好的人际关系,对于合作具有积极的促进作用。在合作过程中,我们必须要意识到,每个人对待合作事宜都会有自己的原则和底线,比如,起码要能做到利己不损人,最好能利己又利人,绝不能损人不利己,也就是说合作的最高境界是要尽力争取双赢的结局。那些不遵守游戏规则,耍小聪明,总想占对方便宜的人最终只能自食其果。

从前有一座庙,庙里住着7个僧人,他们每天早晨的早点就是一大桶米粥。可是,7个人分食一桶粥,分量明显是不够的。一开始,他们决定轮流分粥,每人轮一天。按照这样的方法,每周下来,每人都可以在自己分粥的那天吃得饱饱的。后来,他们又推选出一个道德高尚的师兄来分粥。大家为了能够多分一些,就都挖空心思去讨好他、贿赂他。过了些日子,大家觉得这个办法也不好，经过讨论，他们决定还是恢复原来的办法：轮流分粥制度，但分粥的那个人要等到其他人都挑选完之后，再吃那最后剩下的一碗。这样，每个分粥的人为了不让自己吃到最少的粥，在他们分粥的那一天都尽量做到分得平均。于是，师兄弟之间又恢复了往日的和气，日子也过得越来越快乐。

庙还是那座庙，师兄弟7人面对的还是那一桶分量不是很足的粥，但在不同的分配制度下，就会有不同的风气。所以，在合作中必须要有一定的规范来约束每个人，这样才能保护那些积极的合作者，从而消除那些浑水摸鱼、不劳而获的侥幸心理。那么，在人际关系中，怎样做才能让别人愿意与你合作呢？

善于交流

同在一个公司工作，你与同事之间在对待和处理工作时肯定会存在某些差别，你要经常说这样一句话："你看这事怎么办，我想听听你的想法。"这样，会有更多的同事愿意伸出援助之手。

平等友善

在公司里，即使你各方面的表现都很优秀，即使你的老板也似乎对你另眼相看，但你也不要显得太张狂。切记：你不可

第三章　尊重你的工作

能独自完成一切工作。

积极乐观

在工作中，即使是遇上了十分麻烦的事，也要保持乐观的情绪，要对你的伙伴们说："我们是最优秀的，肯定可以把这件事解决好。"

接受批评

你要把你的同事和伙伴当成你的朋友，坦然接受他的批评。一个对批评暴跳如雷的人，每个人都会敬而远之的。

人和万事兴，团结就是力量。如果人心所向、众志成城，那就能以最小的代价获取最大的成功。

学会管理时间

比之岁月长河,人的一生是如此的短暂。在这样短暂的时间里,你的时间如果得不到很好的规划,就会消失得无影无踪,就会白白地浪费掉。对于你来说,最宝贵的财产就是你手中的时间,但是时间又是一种不能逆转、不能贮存、不可再生的特殊资源。你必须要牢牢记住,浪费时间就等于浪费生命。

一个真正懂得管理时间的人,应能依事情的轻重缓急来确定时间的先后顺序。这样,当重要事件发生时,才能不慌不忙地处理。这样的人才是懂得时间管理观念的人,才是时间的主人。

约翰·皮尔庞特·摩根就是一位善于管理时间的人,他每次和他的顾问会面的时间都是90分钟。在这段时间里,任何电话他都是不会接听的,秘书小姐也不能在中途进来干扰他和顾

第三章　尊重你的工作

问的谈话。在刚好过了80分钟之后，摩根会要求顾问把当天的讨论作个结论，并且把下次会面的时间定好。在这90分钟的时间里，他们通常每次只谈一个问题。因为摩根认为，没有人能在短短的几分钟时间里，就把重要的问题讨论完毕，必须要有充足的时间才行。另一方面，一个人集中精神在某件事情的最大限度大约是90分钟，过了这个时间段之后，人大多就没那么专心了。

一个人要想很好地完成自己的工作，就必须善于利用自己的工作时间。现代人好像总是很忙碌，但是，忙来忙去也不知在忙些什么？反过来看，有些人随时都是一副从容不迫的模样，难道谁能肯定他不忙吗？一位成功学大师说过："我能成为人人尊敬的演讲大师，我能在年轻的时候成为富翁，我周游世界，我享受你享受不到的生活，因为我从一开始就从不拖延做每一件事！我相信我做的是正确的，思考之后我就迅速行动，我知道我的时间有限。"这位大师之所以这样说，是因为他会管理和利用自己的时间。你会不会利用你的工作时间呢？这不是单纯地看在你的工作时间内是否充满了各种工作。你要知道，工作是很多的，时间却是有限的。有些人，从早到晚忙得团团转,甚至下班后还要继续加班。他们看上去很勤奋,工作效率却并不高,还把自己弄得疲惫不堪,这就是不会管理时间造成的。

联想为什么能够在短短时间内取得巨大的成功呢?这也要归功于联想总裁柳传志的时间管理观念。他只做那些重要而不是紧急的事情。他经常思索,过去忙,处理的都是重要而紧急的事情,或者是不重要而紧急的事情。现在,工作时间比以前少了,因为他处理的是重要而不紧急的事情。

如果我们能做好时间上的有效管理,工作就能进行得顺利得多,而不会一天到晚手忙脚乱或者疲于奔命了。

有这样一则小故事说:上帝每天一大早都会去拜访那些刚起床的人,然后很公平地交给每个人5000美元。在晚上临睡时,他又会出现,把每个人剩余的钱全都取回来,只见有的人5000美金一分没用,有的剩下100美元,有的则干脆花光。

读到这里,或许大家都已经能够读懂这个故事蕴含的真正意义,在于每个人每天使用时间的差异以及由此引发的思考:有的人根本什么事也没做,有的人用了一些,有的人则充分利用。现实中,有的人明白时间的意义,在他们看来,珍惜时间就是珍惜机遇。所以,他们也会因为自己抓住了时间,从而也

第三章　尊重你的工作

就抓住了机遇。

　　汽车大王亨利·福特曾经说过这样一段话："在车上时每遇红灯，我就会把当日报纸拿出来看看大标题，以便知道世界上发生了什么事。同时，我的耳朵也没闲着，我习惯一上车就开始放社会大学的录音带。但是，精神较紧张时，则会选听一些开发潜意识的音乐。眼睛再顺便看街景，偶然有什么感触、想法或创意时，一遇上红灯便会抽出记事本写下来。比起许多人在塞车等红灯时的心浮气躁，破口大骂，我的做法是不是比较具有创造性及建设性呢？"又如，我们经常可以在早上上班的途中看见许多学生都会在等公共汽车或坐地铁时背英文单词。相比之下，他们可能比那些交钱去补习班学一年英文的学生还要有效率得多。

　　现代职场，忙碌而紧张，时间往往显得不够用。我们既然无法获得比别人更多的时间，那么，唯一的办法就是提升时间管理的效率：

　　1.注意力集中的限度

　　人将注意力集中在某件事情上的时间，有其自然的限制。如果工作的时间超过了注意力集中的限度，就会收到相反的效果，就会觉得工作苦不堪言。因此，在规划工作的进度时，一定要考虑到这个因素。

2.将工作按优先顺序进行分类处理

工作可以细分为四种类型：一是重要且紧急的事，这一类非常重要，具有急迫性和突发性，甚至必须立即作出回应或是加以处理；二是重要但不紧急的事，通常是富有挑战性，并且具备长期性规划的特色；三是紧急却不重要的事，泛指某些因为时间急迫而必须赶紧回复的事情；四是不紧急也不重要的事，意味着没有时间急迫性与压力。我们可以将每周或是当日的工作，妥善地设定出优先顺序，以此大幅提升工作效率，避免疏忽某些需要处理的事情。

3.找出自己最有效率的工作时段

如果有重要的工作必须完成，就要一定保留充分的时间。对重要的事情来说，必须有充分的时间才能完成它。

一般来说，大多数人都是上午时段精神较好，直到下午2点钟后开始变差。虽然，这种情况也会因人而异，但是只要你能够掌握自己精神情况最佳的时段，并且将重要事务安排在此时执行，往往就能提高工作效率。

4.排除干扰

公司里面浪费我们太多时间的因素主要有打电话、开会和处理信件三方面的内容。在处理电话方面，你应当简洁明了，养成能在3分钟内把问题解决并挂掉电话的习惯；在参加会议方面，发言必须简短，内容充实而不流于形式，会议必作"结论"；在处理书信方面，写信时应尽可能简明扼要。

轻松化解工作压力

在工作中难免会遇到这样或那样的事情,因此会产生无形的心理压力。实际上,压力是一种认知,是在个人认为某种情况超出个人能力所能应付的范围时产生的。我们常常认为压力是外来的,一旦碰到了不如意的事情,就认为那是压力。这就要求我们对压力有个正确的认识,一个人能否顺利应付压力,取决于他对压力的认识和态度。

西班牙人爱吃沙丁鱼,但在古时候,由于渔船窄小,加之沙丁鱼非常娇贵,它们极不适应离开大海之后的环境。所以每次打鱼归来,那些娇嫩的沙丁鱼基本都是死的,这不但影响了沙丁鱼的食用味道,而且价格也差了好多。为延长沙丁鱼的活命期,渔民想了很多办法。后来渔民想出一个法子,将几条

第三章 尊重你的工作

沙丁鱼的天敌鲶鱼放在运输容器里。沙丁鱼为了躲避天敌的吞食，自然加速游动，从而保持了旺盛的生命力。最终，运到渔港的就是一条条活蹦乱跳的沙丁鱼。

从沙丁鱼的例子中，我们可以看出适当的竞争犹如催化剂，可以最大限度地激发人们体内的潜力。当人们感受到压力的存在时，为了能更好地生存发展下去，必然会比其他人更用功。

麻省理工学院曾经做了这样一个很有意思的试验：试验人员用一个铁圈把一个成长中的小南瓜圈住，以便观察南瓜在生长过程中承受的压力能有多大。第一个月测试的结果是南瓜承受了500磅的压力。第二个月，测试的结果是南瓜承受了1500磅的压力，这个结果完全超出了原先的估计。等到第三个月时，测试的结果简直让大家目瞪口呆，这个小小的南瓜竟然承受了3000磅的压力。当充满好奇心的试验人员打开这个不同凡响的南瓜的时候，发现这个南瓜被铁圈箍住的部分充满了坚韧牢固的纤维层，而且南瓜的根系也伸展到了整个试验土壤。

一个小小的南瓜为了冲开铁圈的束缚，尚能够承受如此巨大的压力，并且积极地把压力转化成生存的力量。同理，企业中的员工，在你所处的工作环境下怎么能够不承受工作的压力呢？其实，大多数的员工都能够承受超出他们想象的工作压力，因为他们本身就拥有比自己想象中大得多的潜能。

压力，是磨炼成功者的试金石。诸如，在职场上的竞争、忙碌会给人以无形的压力，有些人被压垮了，有些人却可以把压力变成燃料，从而让生命更猛烈地燃烧。优秀的员工不但能够承担来自各个方面的压力，还能够在环境相对轻松的时候给自己"加压"。聪明的员工总是在自己的背后放一根无形的鞭子，让自己在工作过程中的每一秒都处在适当的压力下，这样才有一种紧迫感，才能在工作中保持始终如一的韧劲。企业也总是在不断给员工施加适当压力的过程中，逐渐淘汰那些不能顶住压力的员工，以保持企业的活力与竞争力。

小杜在一家外企工作，近来因工作压力较大，时常出现头痛、失眠、四肢乏力、记忆力减退等现象，同时经常烦躁不安，动不动就想发火。到医院检查后经医生诊断，并没有发现什么疾病，只不过是由于工作压力太大而导致身体处于亚健康状态。

在现代都市生活当中，像小杜这种情况的并不是个别现象，并且随着社会竞争的加剧，巨大的无形压力正在追赶着上班族。据调查，目前有80%以上的上班族认为自己缺乏职业安全感，担心失业、觉得工作不稳定、缺少归属感、对工作前景感到忧虑、在工作中经常被挫伤自尊心等。这些无形的工作压力会在人的生理和心理方面引起各种不良反应，容易使人产生头痛、失眠、消化不良、精神紧张、焦虑、愤怒以及注意力不集中等症状，严重的还会表现出抑郁症的征兆，如孤僻、绝望，甚至自杀等。

　　工作中有压力是正常的，在我们的工作当中，每个人都会或多或少地遇到各种压力。既然压力是不可避免、又不可消灭的，那么我们就要学会自我减压，使压力保持在我们能够承受的限度之内，不要发生"水压过大，胀爆水管"的可怕事故。要化解压力，就要不断为自己设定目标，自我加压。处在各种压力之下，你也要善于调整自己的心态。压力是阻力，但压力也是提高你自身能力的催化剂。如果你在面对压力时一味地害怕、困惑，那就很容易被压力打垮。但如果你采取了积极的态度去面对，最后就会发现，其实压力也没什么大不了的。

第四章

做自己的主人

空白の女主人

第四章　做自己的主人

正视自己，善待自己

> 人家批评你的错误，那是对你的友爱和帮助，你应该自我检讨一番。果真有错误，就要切实改正；如无错误，可以解释清楚，但不要和人家争辩。

其实，我们每个人在这个世界上都有自己最合适的位置，这其中的关键是你有没有认识自己而找到属于自己的人生舞台。据说，在希腊帕尔纳索斯山南坡上的神殿柱子上面，写着这样两个词，翻译成今天的话就是："人啊，认识你自己。"古希腊人们认为这句格言就是阿波罗神的神谕，古希腊哲学家苏格拉底也最爱引用这句格言教育别人。由此可见，认识自己对我们来说有着何等重要的意义。

在古代，有一个书生向高僧求教人生的真谛。高僧指着院子中间的一块石头对书生说："你把这块石头带到集贸市场上去叫卖，但无论谁要买这块石头你都不要卖。"一天、两天，直到第三天头上，石头由无人问津到能卖到一个很好的价钱了。书生回去将这个消息告诉高僧，请示他是否可以卖掉这块石头。高僧却说："你把这块石头带到石器交易市场去试试看。"这里情况如同集贸市场上的一样，几天以后，石头的价格提升得很快。高僧又对书生说："你再把这块石头带到珠宝市场去卖卖看。"相同的情况又出现了，这块石头的价格很快被人们哄抬得比珠宝的价格还要贵。直到此时书生终于明白了，其实世上人与物皆如此，如果你认为自己是一个不起眼儿的顽石，那么你可能永远只是一块顽石；如果你坚信自己是一块无价的宝石，那么你可能就是一块宝石。这其中的区别就在于你是如何看待你自己的。

信心是人的一种本能，是一股巨大的力量，是人生最珍贵的宝藏之一，它可以使你丢掉那些黯淡的念头，使你纵使在遭遇挫折危难的时候也有勇气去面对艰难的人生。相反，如果丧失了这种信心，则是一件非常可悲的事情。你的前途之门似乎就此关闭，你也看不见那些美好的远景，你甚至都会误以为自己已经变得不可救药了。天下没有一种力量可以和你的信心相提并论，坚持自己的理念，有信心依照计划行事的人，比一遇到挫折就放弃的人更具优势。

原一平素有日本的"推销之神"的美誉，他要求他所有的业务员，在每天早上出门之前，用5分钟时间先在镜子前面看着自己，并且对自己说："你是最棒的保险业务员，今天你就要证明这一点。"一段时间以后，业务员发现他们的业绩确实获得了很大的提升。

正如一句名言说的好："他能够，是因为他认为自己能够；他不能够，是因为他认为自己不能够。"其实，人是为了信心———种有深度需要的信心而生的。也许你相貌平平，也许你一无所长，也许你曾经失败过，但你也不应该自卑，也许在某方面你存在着惊人的潜力，只是你并没有发觉罢了。正视自己，更深层地挖掘潜力，相信天生我才必有用，是金子就一定会发光。你没有理由抱怨，你所遇到的困难与挫折都是命运对你的一种考验。否则失去了信心，违背了自己的本性，一切都不敢肯定，人生就没有根了。

平凡本身就是一种美，不被世间的功名利禄所累，要乐观地去面对生活中的每一天，不论快乐或悲伤。

纵观人生，事业的成功皆始于你的梦想与自信。不管你的天赋怎样高、能力怎样大、知识水平怎样高，你事业上的成就，大抵总不会高过你的自信。

一次，拿破仑看完了前线送来的紧急战报，立即下了一道手谕，命令传令兵骑着自己的坐骑火速送往前线。那个传令兵望着拿破仑那匹雄壮的坐骑及华丽的马鞍，不觉脱口说道："不，陛下，对于我这样一个普通的士兵来说，这坐骑实在是太高贵了。"

在这世界上，许多人都和这个传令兵有着同样的想法，在他们的脑海里总是以为别人所拥有的种种幸福根本就是不属于他们的，他们也不配拥有，他们自惭形秽地认为，他们甚至不能与那些大人物相提并论。但是，他们却不明白，如果他们总是这样的自卑自抑、自我抹杀，将会使自己的自信心大大减弱，同样也会大大减少自己成功的机会。试想，没有自信，成功从何而来呢？所以，有人说，自信是成功的一半。一个获得了巨大成功的人，首先是因为他自信。

当你总是在问自己：我能成功吗？这时，你还难以撷取成功的果实。当你满怀信心地对自己说：我一定能够成功！这时，人生收获的季节离你已不太遥远了。自信的人依靠自己的

第四章　做自己的主人

力量去实现目标；自卑的人则只有依赖侥幸去达到目的。自信者的失败是一种人生的悲壮，虽败犹荣。

当然，生活中对于成功的追求，我们固然是孜孜以求的。但在这个过程中，我们也不要忘记善待我们自己。

在河堤的一棵大柳树下，有三只毛毛虫商议准备过河到对岸的鲜花丛中去生活。

老大说："要过河，我们必须先找到一座桥才行啊！"

老二提出了反对意见："在这荒郊野外，哪里去找桥啊？还是我们自己打造一条船吧。"

老三伸伸懒腰，打了个哈欠说："两位哥哥，我们已经走了一个早上了，现在都快累得不行了，依我看咱们现在还是美美地睡上一觉再说吧。"

"什么？休息？现在？"两位哥哥都很诧异，"我们长途跋涉一个上午不就是为了过河去采蜜么？现在眼看对岸的花蜜都快给人采光了，你竟然还想睡觉？真是太没追求了。"说完，两位哥哥叹息着离开了。大哥要去寻找一座过河的桥。二哥则准备折一片树叶做成船过河。老三躺在树荫里，在徐徐凉风的轻抚下，它渐渐进入了梦乡，甜甜的笑容浮现在它的脸上。不知过了多少时辰，它醒来后，却发现自己变成了一只美丽的蝴蝶。它只是轻轻扇动了几下它那轻盈的翅膀，就飞到了对岸。可是它的两个哥哥，一个累死在了路上，一个葬身在河水里。

　　马尔登说过："现在就是你重估自己的时刻——你是什么样的人？你将何去何从？现在就是你认清怎样改善生活的时刻。"所以，在你争取努力成功的同时，也不要太苛求自己，切记：急功近利只会欲速则不达。学会善待自己，让你的成功更精彩。

第四章　做自己的主人

你的人生，你做主

> "树的方向由风决定，人的方向由自己决定。"

　　有人曾问古希腊大儒学派创始人安提司泰尼："你从哲学中得到了什么呢？"他回答说："我发现了自己的能力。"正是这种能力的获得，使人的思想和情感有了向高尚和纯粹境界提升的可能。乔丹因身高不够曾被NBA拒之门外，但他却在NBA甘于捡球。教练不能慧眼识英才，他就自己培养自己。有人说，他是一个篮球天才，他创造了NBA历史上的一个时代。其实，这种天才的特质与常人的区别仅是乔丹自己努力发掘的结果罢了。

　　以前，有一个年轻人生活得不尽如人意，于是他便经常去街边找一些"赛半仙"求解，结果反而越来越丧失了对生活的信心。一日,他听说寺庙里来了一位很有道行的禅师,带着对命运的费解,他便急匆匆地前去拜访这位大禅师,说:"大师,您认为这个世界上真的有命运之说吗?"

"有的。"大师微合双目轻声回答。

"噢,那我是不是命中注定要穷困一生呢?"年轻人急切地问道。禅师微微睁开了眼睛示意这个年轻人伸出他的左手,然后指着他的手心,对他说:"你也来看看,这条横线叫作爱情线,这条斜线叫作事业线,另外一条竖线就是生命线。"说完,禅师让这个年轻人把手握起来,紧紧地握着,继而又问:"年轻人,现在你说这几根线在哪里呢?"

"当然是在我的手里啊!"年轻人似乎更加迷惑了。

"那么,你说命运呢?"

那人恍然大悟:命运原来就是掌握在自己的手里。

普通人会如此,那么饱读诗书的儒雅之士是否能够看透这个道理呢?让我们再来看看下面这个小故事:

一秀才进京赶考,在考试前几天他连续做了两个奇怪的梦:第一个梦是梦到自己在墙上种白菜;第二个梦是下雨天,他穿了蓑衣还撑着伞。秀才觉得这两个梦似乎是上天在有意给

第四章 做自己的主人

自己一些启示，于是第二天一大早便起来去找算命先生解梦。算命先生听完秀才的梦境，连拍大腿说："我看你还是尽早回家吧。你想想，高墙上种菜不是白费劲吗？穿蓑衣打雨伞不是多此一举吗？"秀才听罢，觉得分析得很有道理，于是，回店收拾包袱准备回家。店主人感到非常奇怪，便问："公子，不是明天才考试吗，怎么今天你就要回乡了？"秀才把他的梦境和算命先生的话说给店主人听，店主人听完之后笑道："我也会解梦，我倒觉得，你这次一定要留下来。你想想，墙上种菜不是高种吗？穿蓑衣打伞不说明你这次有备无患吗？"秀才一听，又觉得很有道理，于是重新振奋精神，参加考试，结果居然高中状元。

命运掌握在你的手里，而不是在别人的嘴里！现在你是否对这个道理有了更加深刻的理解呢？你有什么样的想法，就有什么样的未来。你人生的发展方向和成败，完全取决于你的人生态度，不管别人怎么跟你说，也不管"算命先生"如何给你算。

当然，我们再看看自己攥紧的拳头，你还会发现，你的"生命线"有一部分还留在外面没有被抓住，这能给你什么样的启示呢？的确，命运大部分掌握在你自己手里，但还有一部分掌握在"上天"的手里。纵览那些古往今来成大业者，他们的"奋斗"意义就在于用他们的努力去换取"上天"手里的那一部分"命运"。

假如有人问你："你想成功吗？"相信你的答案应该不会是否定的。但如果有人问你："你想吃苦吗？"相信对此你肯定会大摇其头。但事实上，成功却又很少有快捷方式，我们只能脚踏实地地、一步一个脚印地前行。或许我们没有"选择出生环境的权利"，但我们绝对有"改变生活环境的权利"。当你决定自己命运的时候，一定不能把命运寄托在别人手上。"山高，我为峰！"只要你有信心、有毅力，就一定可以改变命运，让美梦成真！

纵观那些成功人士，他们大多都是从困难中走过来的。困难的存在是永恒的，逃避困难，就等于拒绝成功。困难锻炼人，困难考验人，困难也同样造就了强人。对此，我们更应该对困难表示敬畏。

当然，个人的兴趣、才能、素质也是不同的。如果你不了解这一点，没能把自己的所长利用起来，你终将会自我埋没。反之，如果你有这样的一份自知之明，善于设计自己，从事你最擅长的工作，你就终会获得成功。

第四章　做自己的主人

著名的科普作家阿西莫夫，其实他同时也是一名自然科学家。一次在他工作的时候，一个想法突然闪现在他的脑海中："我不能成为一个第一流的科学家，那么我就成为一个第一流的科普作家吧。"于是，他几乎把全部精力放在科普创作上，终于成了当代世界最著名的科普作家。伦琴原来学的是工程科学，他在老师孔特的影响下，做了一些物理实验，逐渐体会到，这就是最适合他干的行业，后来果然成了一个有成就的物理学家。

我们每一个人都应该努力根据自己的特长来设计自己，根据自己的环境、条件、才能、素质、兴趣等，确定自己的人生方向。不要埋怨环境与条件，应努力寻找有利条件。善于观察事物，同时也要善于观察自己，了解自己，然后才会找准自己的舞台。

宽容更有力量

> 能宽恕别人是一件好事,但如果能够将别人的错误忘得一干二净那就更好。

莎士比亚曾说过:"有时,宽容比惩罚更有力量。"的确,宽容是一种美德。因为你的宽容,亲人爱护你、朋友信赖你、同事喜欢你、你周围所有的人都会欢迎你的到来。这就是宽容的力量。

英国首相丘吉尔在退出英国政坛之后,迷上了自行车运动。他每天早晨都坚持在他的农场周围骑半个小时自行车来锻炼身体。一个早上,丘吉尔像往常一样骑车徜徉在他这条熟悉的小路上。这时,一位妇女也骑着自行车从对面飞驰而来,由于刹车失灵,她竟然撞在丘吉尔的身上。气急败坏的妇女头也

第四章 做自己的主人

没抬便骂道:"你这个糟老头子到底会不会骑车?你没有长眼睛么?""对不起,对不起,我还不太会骑车。"丘吉尔虽然也是摔倒在地上,但是他对这位妇女的恶言相加似乎颇不在意,反而善意地问道:"看来你已经学会很久了,是不是?"言谈举止间,这位妇女察觉到这个老头似乎不大寻常,她抬起头仔细一看,上帝啊,他不就是伟大的前首相么!妇女羞愧万分,她低着头说:"不,不是,可是您知道,我是在半分钟前才真正学会的,正是阁下您教会我的。"

宽容是壁立千仞的泰山,宽容是容纳百川的大海。在这里,我们当然为丘吉尔那种处变不惊的智慧而惊叹,但他那种宽以待人的风度更是值得我们佩服。宽容是一种修养,宽恕别人就是善待自己,你希望别人善待自己,你就要善待别人。

韩国总统金大中正式就职后,曾在总统府设宴招待那些曾经迫害过他的4位前任韩国总统。他用这种方式轻松化解了长久以来难以消融的政治仇恨,从而展现了他那伟大的、宽容的胸怀。纵使在轰动一时的光州大审中,他被政府判处死刑的时候,他也曾立下遗嘱,要求他的家人和同志们不要给他报仇,就让政治迫害到此为止。他那宽广的心胸和伟大的情操值得世人尊敬。

　　林肯总统对政敌素以宽容著称,后来终于引起一位议员的不满:"你应该消灭他们,而不应该试图和那些人交朋友。"对此,林肯微笑着回答:"当他们变成我的朋友,难道我不正是在消灭我们的敌人吗?"多么富有哲理的语言啊!林肯能够得到那么多人的尊敬和爱戴,原因也许就在于此吧。

　　那么,宽容是否是只有那些大人物才具有的特殊品质呢?当然不是的。紫罗兰将香气留在踩扁它的足踝上,这就是一种宽容,朴实无华。只有当一个人的内心深处的爱越来越多的时候,仇恨也就会相应地减少,甚至消失。在现实生活中,有许多事情,当你打算用愤恨去实现或解决时,你不妨用宽容去试一下,或许它能帮你实现目标,解决矛盾,化干戈为玉帛。生活中,不会宽容别人的人,是不配受到别人宽容的。

　　小明是一个一贯不认真完成作业并经常说谎的学生,今天他又没有完成作业。面对老师的诘问,他的借口似乎已经不用再经过大脑的思考,张嘴便来了。他说:"老师,我所有的笔都坏了,所以昨天的家庭作业没有写。"面对扬扬自得的小明,班主任老师压住了心中的怒气,他决定今天改变一下对他的教育方

第四章　做自己的主人

式，便和蔼地对小明说："小明，上星期你在校篮球联赛中的表现极佳，被学校授予'得分王'的称号，这可是咱们班莫大的荣誉啊！"班主任老师接着拉开抽屉，取出一支精致的钢笔，亲切地说："这是老师对你的奖励，这是支新笔，班里有公共墨水，希望你能把昨天的作业补上，放学前交给我，好吗？"老师的做法令小明颇感意外，本来他已经做好了接受一番严厉批评的准备，但结果却是这样的。他默默地接过钢笔，向老师深深地鞠了一躬。此后，他对学习表现出了浓厚的兴趣，期中考试的时候，他的成绩获得了大幅度的提高。

可见，"宽容"在此取得了奇妙的教育效果。一个原本顽皮，甚至有点顽劣的学生因为宽容而彻底洗心革面，痛改前非了。所以，你不要把犯了错误的人当作罪犯，拿出你的耐心和爱心包容他、帮助他。要知道，宽容比惩罚更有说服力。

有一个人被他的一个朋友恶毒地侮辱为疯子，他懊恼之极。为此他找到哲学家培根，向他请教该如何对待他的这个朋友。"你可以写信狠狠地骂他一顿。"培根建议道。这个年轻人立刻写了一封措辞刻薄的信，然后拿给培根看。"骂得好！"培根说。但是，当年轻人把信叠好装进信封里时，培根却叫住他："你这是在做什么？""把这封信寄出去啊！"年轻人说。"还是不要寄出去了，写完这封信，你已经解气了，还是把它烧掉吧！"培根说。

有句谚语说：一旦发怒就把皮带转到腰后。意思是，把皮带扣转到腰后的瞬间，就是一种释放怒火的过程。你怒火满腔，那简直就是在拿别人的错误在惩罚自己，发怒常被怒火惩罚，你不要因怒火而迷失了心智，做出让自己后悔的事来。

宽容，说起来简单，做起来却真的不容易。人的一生难免会碰到个人利益受到他人有意或无意的侵害，此时你就必须要勇于接受这种宽容的考验。即使情感无法控制时，你也要尽一切努力控制好自己的情绪。宽容是生活中的一门技巧，只要再宽容一点，我们的生活或许会更加美好。一个人经历一次宽容，就会获得一次人生的亮丽，就会打开一扇爱的大门。

人际交往要以诚相待

> 人生最大的财富便是人脉关系,因为它能为你开启所需能力的每一道门,让你不断地成长不断地贡献社会。

藤田田31岁那年,已打工6年,存款不足5万。此时,一个足以改变他一生命运的机遇降临了:闻名全球的麦当劳开始进军日本。他想抓住这个机会,但是根据麦当劳总部的要求,特许加盟商必须要有75万美元的存款,还要有一家中等规模以上的银行的信用支持。显然,他根本就不具备这样的条件。但他不甘心就这样白白地失去这个好机会,经过再三思索,他终于鼓足勇气走进日本住友银行总裁的办公室。总裁听完他的诉说只是淡淡地回答:"你先回去,让我考虑考虑。"藤田田知道这代表拒绝的意思。

对这一情形，他早有思想准备：万不得已，他只能以自己的诚心来做最后的争取。于是，他再次恳切地说："先生，您可否让我告诉你我那5万块钱的来历？"总裁感觉到这个年轻人很是与众不同，就点点头表示同意。于是，藤田田叙述了自己每个月里都按时存款，不管遇到什么样的困难，他都想方设法来度过，从来没有间断过，就是为了以后有机会了，能开始自己的事业。他态度恳切，使总裁大为动容，并答应下午就给他答复。藤田田离开后，总裁立刻开车找到他存款的那家银行，柜台小姐对这个经年累月、风雨无阻的年轻人印象深刻。结果可想而知，藤田田得到了那笔贷款，一手创造了麦当劳在日本的奇迹。现在他手下的麦当劳分店在日本到处都有，年营业额超过40亿美元。但是，设想一下，如果藤田田当初仅是为了想得到那笔钱而骗总裁的话，他最终不仅得不到那笔贷款，也不会取得今天的成功。

《联想为什么》中谈道："一个人没有才能，一个公司没有实力，很难有什么信誉。一个人不讲道德，一个企业不守信用，更谈不上什么信誉。要想取信于人必须有所付出，有所重视，有所为有所不为。"在这里面，谈到了信誉的重要性，诚

第四章　做自己的主人

信不仅是人际交往的必要条件之一，而且在现实中，诚信也是人们有意无意地用于衡量一个人是否值得深交的首要准则。

美国第一任总统华盛顿早年有一件找马的逸事。有一次，华盛顿的一匹马被临近农场的一户人家偷走了，华盛顿知道后便同一位警察前去偷马的人家里索要。但那人一口咬定这是他自己的马，拒绝归还。双方僵持着，警察也没有好的主意。这时，华盛顿一个箭步上前用双手蒙住马的两眼，对那个偷马人说："你说这匹马是你的，那么你说马的哪只眼睛是瞎的？"偷马人吞吞吐吐地说："右眼。"华盛顿放下右手，马的右眼并不瞎。"我说错了，马的左眼才是瞎的。"偷马人急着争辩说。华盛顿又放下左手，马的左眼也不瞎。"我又说错了……"偷马人还想狡辩。"是的，你是错了。"警官说，"这些足以证明马不是你的，你必须把马还给华盛顿先生。"对于华盛顿的睿智我们不禁要大声喝彩，偷马人固然善于狡辩，但即使谎言被重复一千遍最终还是会被揭穿的。

对于每一个拜访过西奥多·罗斯福的人来说，都会对他渊博的知识感到惊讶。哥马利尔·布雷佛写道："无论是一名牛仔或骑兵，纽约政客或外交官，罗斯福都知道该对他说什么话。"那么,他是怎么办到的呢?很简单。每当要有人来访的前一天晚上,罗斯福就提前翻读这位客人感兴趣的题目。因为罗斯福清楚地知道,打动人心的最佳方式是,跟他谈论他最感兴趣的事物。在商业社会,这也是一种百试不爽的宝贵技巧。

在纽约有一家高级的面包公司——杜维诺父子公司。公司老板杜维诺先生一直想把公司里的面包推销给纽约的一家大饭店。一连4年来,他几乎试了所有的方法:他每天都打电话给该饭店的经理,他去参加该经理的社交聚会,他甚至还在该饭店订了个房间,住在那儿,以便成交这笔生意。最终都失败了。后来,杜维诺先生决定改变策略:他决定要找出那个人最感兴趣的是什么——他所热衷的是什么。后来杜维诺先生终于发现这个经理是一个叫作"美国旅馆招待者"的旅馆人士组织的一员。他不仅仅是该组织的一员,还任主席以及"国际招待者"的主席。在了解了这些情况之后,杜维诺先生下次再和这位经理见面的时候,就开始谈论他的那个组织。这位经理甚至和杜维诺先生一口气谈了一个小时,虽然这中间杜维诺先生一点儿面包的事情也没提,但是几天之后,这位经理的助理便打电话给杜维诺先生,要他把面包样品和价目表送过去。"我真不知道你对那个固执的老先生做了什么手脚。"那位助理在见到杜维诺的时候说,"但你真的把他说动了!"

想想看吧!杜维诺先生缠了这位经理4年的时间,不可谓不坚韧吧?但是如果他不是最后用心去找出这位经理的兴趣所在,了解到他喜欢谈的是什么话,那么最终这笔生意还是很难成功的!

要按自己的意愿行事

> 人的一生可能燃烧，也可能腐朽。我不能腐朽，我愿意燃烧起来！

在不少人的印象里，天才或成功都是先天注定的。事实上是这样的么？实际上，世界上的那些被称为天才的人，肯定要比实际上成就天才事业的人要多得多。而那些大多数的普通人之所以一事无成，就是因为他们缺少雄心勃勃、排除万难、迈向成功的动力，不敢为自己制定一个高远的奋斗目标。如果一个人缺少认定的高远目标，不管他有多么超群的能力，最终也将一事无成。所以，为自己设定一个高远的目标，按照这种意愿行事就等于达到了成功的一部分。

1969年，迪布·汤姆斯的汉堡餐厅在美国俄亥俄州成立了，他用自己女儿的名字为店起了名——温迪快餐店。在当时，以麦当劳、肯德基、汉堡王三巨头为首的连锁快餐公司基本垄断了美国的快餐行业。在这中间，新成立的温迪快餐店只是一个名不见经传的小弟弟而已。迪布·汤姆斯毫不因为自己的小弟弟身份而气馁。他从一开始就为自己制定了一个目标，那就是赶上快餐业老大麦当劳！

20世纪80年代，美国的快餐业竞争日趋激烈。三巨头所采取的步步为营的策略使得迪布·汤姆斯的快餐厅很难有大的作为。为了吸引顾客，迪布·汤姆斯在每个汉堡上都将其牛肉分量增加零点几盎司。这一不起眼儿的举动为温迪快餐店赢得了不小的成功，并成了日后与麦当劳竞争的有力武器。终于，一个与麦当劳抗衡的机会来了。

1983年，美国农业部组织了一项调查显示，麦当劳号称分量有4盎司的汉堡包肉馅从来就没超过3盎司！迪布·汤姆斯认为此事件是一个问鼎快餐业霸主地位的绝佳机会，于是，他请来了著名影星克拉拉·佩乐为自己拍摄了一则后来享誉全球的广告：一个认真、喜欢挑剔的老太太，对着桌上放着的一个硕大无比的汉堡包喜笑颜开。但当她打开汉堡时，惊奇地发现牛肉只有指甲片那么大！她先是疑惑、惊奇，继而开始大喊："牛肉在哪里？"

这则广告的播出，更加激起了美国民众对麦当劳的不满，引起了民众的广泛共鸣。迪布·汤姆斯的温迪快餐店成了理所当然的受益者，它的支持率飙升，营业额一下子上升了18%。在这之后，凭借不懈地努力，温迪的营业额年年上升，至1990年营业额达到了37亿美元，连锁店发展到3200多家，在美国的市场份额也上升到了15%，坐上了美国快餐业的第三把交椅。

迪布·汤姆斯之所以能够取得如此巨大的成功，就在于他即使初入快餐界，面对强劲的对手也毫不退缩，而是敢于将赶超快餐界老大麦当劳作为自己的奋斗目标。为此，他以诚恳的态度对待他的每一位顾客。终于在对手陷入危机的时刻而果断崛起，成就了自己快餐界的王者地位。

齐瓦勃出生在美国的一个普通乡村家庭，家庭的贫困使他只接受了很短的学校教育。但齐瓦勃从小就雄心勃勃，他坚信自己一定能够成就一番大事业。为此，他无时无刻不在寻找着发展的机遇。18岁时，他到钢铁大王卡内基所属的一个建筑工地打工。从踏进工地那时起,齐瓦勃就决心成为同事中最优秀的人。建筑工地的工作是很艰辛的,每到晚上同事们大多聚在一起闲聊以消遣这一天中相对轻松的时刻,唯独齐瓦勃躲在角落里看书。有的同事嘲笑齐瓦勃是"蓝领博士",齐瓦勃不以为然,他干脆地回答他们:"我不光是在为老板打工,更不单纯是为了赚钱,我是在为自己的梦想打工,为自己的远大前途打工。"正是抱定着这样的信念,齐瓦勃一步步地走向了成功,从总工程师、总经理,直到成为卡内基钢铁公司的董事长。最后,齐瓦勃独自创业,经他一手建立起了自己的伯利恒钢铁公司,并创下了非凡业绩。齐瓦勃的成功就是凭着自己对成功的长久梦想和实践,从而完成了一个打工者到创业者的飞跃。

所以,生活中必须要有一个明确的目标。有了明确的目标,你才能按照自己的意愿行事。没有目标就没有梦想,生活也会因此而没有意义,人生也不会快乐。如果我们按照自己的意愿去追求的话,我们就会像障碍赛跑一样,为了达到这个意愿,不惜越过一道道关卡和障碍。你的目标正是提供让你快乐的基础,真正会让你感觉快乐的是能激起你全身热情的东西。快乐的最大秘密是"目标的力量"。缺乏意义和目标的生活是无法创造出持久快乐的。

不要违背心的意愿行事

俄国著名生物学家巴普洛夫认为:"成功要热诚而且要慢慢来。"他进一步解释说:"'慢慢来'就是要求:做自己力所能及的事,在做事的过程中不断提高自己。"这也就是说,在我们做事的过程中,要选择适当的目标,既要让人有机会体验到成功的喜悦,不要给人以画饼充饥、望梅止渴的失望感觉。

"跳一跳,够得着",即人们不至于望着高不可攀的"果子"而失望,又不能让人毫不费力地轻易摘到"果子",从而没有感到一丝压力的轻松,这就是最好的目标。

有这样一个故事:很久以前,一支寻宝队伍浩浩荡荡地进山了。开始几天,人们在好奇心的促使下很轻易地度过了。但是,寻宝路途的艰险与辛苦,加之几天的辛劳仍一无所获,低

第四章 做自己的主人

沉的士气在队伍中间弥散开来,许多人开始打退堂鼓了。带队的是一位道行深厚的大师,他为了鼓舞士气以完成这次寻宝的任务,便暗施法术,幻化出一座城市。他指着前方对大家说:"大家看,前面不远就是一座大城市!过城不远,就是宝藏所在地啦。"众人见眼前果然有座大城,便又重新鼓起勇气,振奋精神,继续前行。这样,在大师的诱导下,众人历尽千辛万苦,终于找到了珍宝,满载而归。

作为一名管理者,你是否也像上面的那位大师一样具有"化城"的本领呢?你是否也在不断地给自己的员工"化"出一个个看得见而且跳一跳就够得着的目标,进而引导你的集体不断前进呢?

曾有人说过一个关于他的朋友成功"化城"的故事。他这个朋友在某公司当经理,他刚上任时,接手的是一个乱摊子,企业连年亏损,员工士气低落。上任伊始,这位朋友就来了个"小步快跑":给每一个分支机构定一个力所能及的月度目标,然后在全公司开展"月月赛"。每到月末,他都亲自给优胜单位授奖旗,同时下达下个月的任务。这样一来,全体员工的注意力都被吸引到努力完成当月任务上来了,没有人再去谈论公司的困境,也没人抱怨自己的任务太重。半年下来,全公司竟然扭亏为盈。如今，这家公司已经成为市内小有名气的先进企业了。由此可见，在管理工作中，只有不断给员工定出一个"篮球架"那么高的目标，让大家都能"跳一跳，够得着"，才能收到好的效果。

鲁冠球当初为了改变一辈子当农民的命运，要当工人，他一手创立了万向集团。20年后，万向的企业目标改成了"奋斗十年加个零"（即企业利润增长10倍）；柳传志创办联想集团时，他也有两个明确的目标：一个是能养活自己；另一个是找个能干事的地方。当联想大踏步迈向国际市场的时候，联想又提出了新的做大做强的目标。个人如此，对一个企业来说也是如此。无论是万向还是联想，它们都在自己的不同发展阶段制定、调整自己"跳一跳，够得着"的目标，并在这个过程中不断地发展壮大。

美国内战结束后，法国记者马维尔去采访林肯。他问道："据我所知，上两届总统都想过废除黑奴制度，《解放黑奴宣言》也早在他们那个时期就已草就，可是他们都没拿起笔签署它。请问总统先生，他们是不是想把这一伟业留下来，给您去成就英名？"林肯回答说："可能有这个意思吧。不过，如果他们知道拿起笔需要的仅是一点儿勇气，我想他们一定非常懊悔。"

情况真的如林肯所说的那么轻松么？这还要从林肯的经

历谈起：青年时期，当林肯还是一名水手的时候，他就亲眼看见了奴隶主的野蛮和黑奴所遭受的残酷折磨。也就是从那时候起，林肯就已经万分痛恨这种黑人奴隶制度了。当他当选为议员之后，他经常发表演讲，抨击奴隶制度。直到1860年，林肯当选为美国总统，他不顾重重压力，毅然签署了废奴法令，并领导南北战争取得最后的胜利。可以说，这一切都源自于林肯是按照他心中正确的想法行事的结果。

有一位医术高明的医生，忽然有一天被告知患了癌症。这种消息对于任何人来说都是当头一棒，他也曾因此而情绪低落过一阵，但是他很快就接受了这个事实，并且改变了心态。现在他更加勤奋地工作，他的态度也变得更加宽容、谦和。他希望，每一天他都能挽救一个病人，他的笑容能够温暖每一个人的心。就这样，他又平安地度过了好几个年头。所以说，希望是我们的心灯，它足以照亮我们的前程，指引我们前进的方向。

战胜自卑情绪

> 自卑，顾名思义，自己瞧不起自己，它是一种因过多地自我否定而产生的自惭形秽的情绪体验。在心理学上，自卑属于性格的一种缺陷，表现为对自己的能力和品质评价过低。"个人心理学"的创始者奥地利心理学家阿德勒认为：人人都有自卑心理，天下无人不自卑。当今的时尚术语"自卑感"与"自卑情结"都是他的理论。

我们每个人都有这样的一种心理，那就是我们中的任何人都希望证明自己是最强的、最棒的人物，或者至少也要证明自己不是孱弱的。当一个人得到别人的尊重和肯定时，那人就会表现出安慰、兴奋和快乐的心情。而当他得不到这种需要，甚至还受到别人的批评、排斥和否定时，就会表现出失落、不安、焦虑以及恐慌压抑的情绪。这一刻，如果你感觉自己与他

第四章 做自己的主人

人相比是毫无价值的,并从心里感到一股隐隐的痛,那么,此时你是自卑的。如果你经常有这种感觉,那么你就是一个自卑的人。

法国科学家、诺贝尔化学奖得主格林尼亚,出生于一个百万富翁之家,从小的优裕生活使他养成了游手好闲的浪荡习气。仗着自己的钱财和英俊的外表,他挥金如土,任意地玩弄着女人。一次午宴上,他见到了一位从巴黎来的漂亮女伯爵,像见了其他漂亮女人一样,格林尼亚轻佻地走上前去表达他的"爱意"。女伯爵素知格林尼亚的恶名,此时又见他一副浪子的神态,便冷冰冰地说了一句:"请你站远一点儿,我最讨厌被花花公子挡住视线!"格林尼亚当时呆住了,这还是他从小到大第一次遭到别人的冷漠和讥讽,这使他羞愧难当。在众目睽睽之下,他突然感到自己是那样渺小、那样被人厌弃,一股自卑感使他无地自容。

他离开了自己的安乐窝,只身一人来到里昂大学求学。他彻底洗心革面了,整天泡在图书馆和实验室里。他的钻研精神赢得了有机化学权威菲得普·巴尔教授的器重。在名师的指点和他自己长期的努力下,最终他发明了"格式试剂",并先后发表了200多篇学术论文。1912年，瑞典皇家科学院授予他本年度诺贝尔奖，由此他成就了自己人生的辉煌。

　　自卑不仅仅属于某个人，而是人性的弱点。自卑可能将你摧毁，但如果你能超越自卑，便能成为你成功的资本。纵览世界上从自卑中走出来的名人也是很多的：法国伟大的思想家卢梭，曾为自己出身孤儿、从小流落街头而自卑；法兰西第一帝国皇帝拿破仑曾为自己的矮小身材和贫困家庭而自卑；松下幸之助少年生活极为艰难，而正是这种自卑成为他一生奋斗的动力。这些成就非凡的大人物之所以取得了他们人生的成功，就是因为他们能够正确地评价自己，相信自己什么事都可能做好。反之，如果你总是觉得自己是无能的，那就注定要失败。这也就是说，你连自己都看不起，别人自然也就认为你是个无用的人。

　　受自卑心理折磨的朋友，好好看看上面这些杰出人物的例子吧。只要你改变你的心态，将自卑化为奋发的动力，就能走向成功和卓越。战胜自卑，其实就是战胜丧失信心的自我。丧失自信通常可分为两种情形：一种是前面所说暂时性丧失信心；另一种则是从小养成的根深蒂固的自卑感。自卑感并非无法克服，就怕你不去克服。纵观世上，许多成功者都是在克服了自己的自卑后走向成功的。

　　有一位推销员，在他开始从事这份工作之前，也常为自卑感到苦恼。每当他站在客户面前，就会变得局促不安，结结巴巴，甚至干脆不知道自己在说些什么。虽然对方亲切地招呼他，但他总觉得站在人家面前自己是那么的渺小。受这种心理的影响，他的脑袋里一片空白，原本演练多遍的推销辞令变成杂乱无章的喃喃自语，他的工作简直没法再做下去了。

　　后来，他终于下定决心要克服这种困难。当他再次面对客户时，他干脆把那些客户想象成为一个穿着开裆裤的小孩子。经过尝试之后，良好的效果出现了：这位推销员说话再也不会吞吞吐吐了，而是非常自然地和客户交谈，他的自卑感也完全不见了！

　　其实，你只要拥有责任和梦想，色彩和光芒就会普照生命的每一个角落。或许，目前你还仍旧处于困苦的环境之中，然而你要抛弃埋怨，抛弃怨天尤人的想法，只要你肯努力，那么你就能很快从困境中摆脱出来。

适可而止,切莫贪图

> 世间的欲望不停地诱惑着人们追求物欲的最高享受,然而过度地追逐利益往往会使人迷失生活的方向。因此,凡事适可而止,方能把握好自己的人生方向。

有这样一个"笨"小孩,每当有人同时给他5毛和1元硬币的时候,他总是会选择那个5毛的硬币。难道是这个孩子不识数?应该不是这样,他现在已经能够很熟练地背诵乘法口诀了。那到底是什么原因使这个孩子要作出这样的选择呢?后来在父母的耐心诱导下,孩子终于道出了实情:"如果这次我选择了一块的硬币,那么下次就不会有人跟我玩这种游戏了。"听了这个"笨"小孩的回答,你是否会叹服他的超人智慧呢?

第四章 做自己的主人

的确，如果这次他选择了1元钱，就没有人愿意继续跟他玩下去了，而他最终得到的也就只有这1元钱！但这个小孩的聪明之处就在于他每次只拿5毛钱，给人造成一种假象。于是，他"笨"的越久，他得到的也就越多。

但现实生活中，那些"精明人"又是何其的多啊！做生意一次赚足，人际关系一次用完。在他们看来不拿白不拿，拿了也白拿；不吃白不吃，吃了也白吃。殊不知你这种自作聪明的贪婪，简直就是在断自己的路。你应该知晓，你的贪婪不仅损害了他人的利益，还会使他人对你的贪婪产生反感。这中间的道理其实就等同于一道简单的算术题：是10个5毛钱多，还是一个1块钱多呢？可是生活中，大多数人还是算不明白。

在海边，随着一垂钓者的渔竿一扬，一条足有一尺多长的大鱼便被甩到了岸上，围观的人们一声惊呼：好大的鱼儿！只见钓者用脚踩着大鱼，解下鱼嘴里的钓钩，顺手将鱼扔进海里。围观的人们又发出一声惊呼：这么大的鱼还不能令他满意，可见垂钓者的雄心之大。没一会儿工夫，钓者鱼竿又是一扬，一条一尺长的鱼儿顺着一条弧线被带到钓者的脚下，钓者只是乜斜了一眼，还是顺手扔进海里。"究竟什么样的鱼儿才能入这位高手的法眼呢？"围观的人们都在拭目以待。钓者的钓竿再次扬起，这次只见钓线末端钩着一条不过寸许的小鱼。"这条鱼儿肯定也会被放回海里的。"围观的人们都这么想着，他们甚至已经想好了钓者抛钩甩线的潇洒动作了。不料钓者却将鱼解下，小心地放回自己的鱼篓中。众人不解，上前询问钓者舍大而取小的缘故。钓者笑笑回答说："哦，即使我钓太大的鱼回去，盘子也装不下，因为我家里最大的盘子只不过有一尺长。"

回首我们经济发达的今天，像钓鱼者这样舍大取小的人真是越来越少了，反而是舍小取大的人越来越多。

当年，德国人从彼得格勒撤退以后，有一位农夫和一位商人在废墟中寻找财物。他们首先发现了一大堆未被烧焦的棉花，于是，两个人就各分了一半背在自己的背上。后来，他们又发现了一些布匹，农夫马上将背上鼓鼓的棉花包扔在了地上，挑选了一些质量、花色都比较上乘的布匹背在了身上。商人见状窃喜，他将农夫所丢下的棉花和剩余的布匹通通捡了起来，重负虽然让他气喘吁吁，但是他还是不愿意扔掉其中的一样。又走了一段路，他们又发现了一些银质的餐具，农夫干

第四章　做自己的主人

脆将布匹扔掉，捡了些较好的银器用布包好背在身上。商人却因背着那些笨重的棉花包和布匹，而压得无法弯腰再去拣那些银器了。这时候，天突然下起了大雨，商人背上的棉花和布匹变得更加沉重了，饥寒交迫的他踉跄着摔倒在泥泞当中。而此时，农夫却一身轻松地赶回家了。他变卖了银餐具，过上了富足的生活。

大千世界，万千诱惑，你什么都想要，那终会累死你，该放就放，你会轻松快乐一生。贪婪的人往往很容易被事物的表面现象迷惑，甚至难以自拔，当事过境迁，后悔晚矣！

人常常因贪婪而会犯傻，什么蠢事也会干得出来。一次，一个猎人捕获了一只色彩斑斓的鸟儿。"放了我，"鸟儿说，"我将给你三条忠告。"猎人给吓了一跳，这鸟竟然会说话。"先告诉我，"猎人回答道，"我发誓我会放了你。""做事后不要懊悔；你自己认为是不可能的就别相信；你做不到的事情就不要费力去做。"猎人依言将鸟放了。这只鸟飞起来向猎人大喊道："你真愚蠢，我的嘴中有一颗价值连城的大珍珠，你却放了我。"猎人立刻感到后悔，想再次捕获这只放飞的鸟。他跑到树跟前并开始爬树，但是当他爬到一半的时候，掉下来并摔断了双腿。鸟儿嘲笑他："笨蛋！我刚才告诉你一旦做了一件事情就别后悔，而你却后悔放了我。我告诉你自己认为是不可能的就别相信，而你却相信像我这么小的嘴中会有一颗很大的珍珠。我告诉你做不到的事情就不要费力去做，而你却想爬上这棵大树来抓我，结果摔断了双腿。"猎人因为过分贪婪，最终自食恶果。

放飞心灵，还原本性

　　普希金在一首诗中写道："一切都是暂时的，一切都会消逝；让失去的变为可爱。"有时，失去不一定是忧伤，反而会成为一种美丽；失去不一定是损失，反倒是一种奉献。只要我们抱着积极乐观的心态，失去也会变得可爱。

　　生活中，人们常怀有这样的一种想法：总是希望自己能够有所得，并且以为自己拥有的东西越多，自己就会越快乐。所以，在这样的意识支配下我们沿着追寻获取的道路走下去。但是，最终有一天我们发现忧郁、无聊、困惑、无奈……一切的不快乐却总是围绕在我们的身边，挥之不去。我们却依然故我，执着于那些我们渴望拥有的东西上。不知不觉中，我们已经着迷于这些事物上了。

譬如说，你爱上了一个人，而他（她）却不爱你，你的世界就微缩在对他（她）的感情上了，他（她）的一举手、一投足，都能吸引你的注意力，都能成为你快乐和痛苦的源泉。有时候，你明明知道那不是你的，却想去强求，或可能出于盲目自信，或过于相信精诚所至、金石为开，结果不断地努力，却遭来不断的挫折。有的靠缘分，有的靠机遇，有的则需要人们能以看山看水的心情来欣赏，不是自己的不强求，无法得到的就放弃。

懂得放弃才有快乐，背着包袱走路总是很辛苦。我们在生活中，时刻都在取与舍中选择，我们又总是渴望着取得，渴望着占有，常常忽略了舍弃，忽略了占有的反面——放弃。懂得了放弃的真意，才能理解"失之东隅，收之桑榆"的妙谛。懂得了放弃的真意，静观万物，体会与世界一样博大的境界，我们自然会懂得适时地有所放弃，这正是我们获得内心平衡，获得快乐的好方法。生活有时会逼迫你，不得不交出权力，不得不放走机遇，甚至不得不抛下爱情。你不可能什么都得到，生活中应该学会放弃。放弃会使你显得豁达豪爽，放弃会使你冷静主动，放弃会让你变得更智慧和更有力量。

生活中，失恋的痛楚、屈辱的仇恨、永无休止的争吵、权

第四章　做自己的主人

力、金钱、名利……这一切都源于自私的欲望，统统都应该放弃，一切恶意的念头，一切固执的观念也都应该放弃。

然而，放弃并非易事，这需要很大的勇气。面对诸多不可为之事，勇于放弃，是明智的选择。只有毫不犹豫地放弃，才能重新轻松投入新的生活，才会有新的发现和转机。生活中缺少不了放弃。大千世界，取之与弃之是相互伴随的，有所弃才有所取。人的一生是放弃和争取的矛盾统一体，潇洒地放弃不必要的名利，执着地追求自己的人生目标。学会放弃，本身就是一种淘汰，一种选择，淘汰掉自己的弱项，选择自己的强项。放弃不是不思进取，恰到好处的放弃，正是为了更好地进取，常言道：退一步，海阔天空。人生短暂，与浩瀚的历史长河相比，世间一切恩恩怨怨、功名利禄皆为短暂的一瞬。福兮祸所伏，祸兮福所倚。得意与失意，在人的一生中只是短短的一瞬。行至水穷处，坐看云起时。古今多少事，都付谈笑中。

一个老人在行驶的火车上，不小心把刚买的新鞋弄掉了一只，周围的人都为他惋惜。不料老人立即把第二只鞋从窗口扔了出去，让众人大吃一惊。老人解释道："这一只鞋无论多么昂贵，对我来说也没有用了，如果有谁捡到这一双鞋，说不定还能穿呢！"

显然，老人的行为已有了价值判断：与其抱残守缺，不如断然放弃。

我们都有过某种重要的东西失去的时候，且大都在心理上投下了阴影。究其原因，就是我们并没有调整心态去面对失去，没有从心理上承认失去，总是沉湎于已经不存在的东西。事实上，与其为失去的而懊恼，不如正视现实，换一个角度想问题：也许你失去的，正是他人应该得到的。

其实在时下这个喧嚣的社会里，有太多的虚名浮利并不值得追逐，而往往有许多无聊的人参与到这样无休止的评奖和争论中去，发表一些自以为是的观点，可结果呢，也许一辈子也没有结果。更重要的是，这样做对你毫无意义，对你的人生也没有任何助益。千万不要自以为是，殊不知"公说公有理，婆说婆有理"，给心灵一个独处的空间吧！

第五章 拥有健康

第五章　拥有健康

健康新概念

> 健康是人的第一幸福；第二是温和的秉性；第三是正道得来的财产；第四是与朋友分享快乐。

人生最贵重的是什么？是金钱？是地位？还是爱情？不同的人肯定有不同的答案，然而伴随着人们对人生意义认识的不断升华，越来越多的人都认识到：健康是人生的第一要务。健康是生命的基座，失去了健康，生命也就会变得黑暗和悲惨；失去健康，就会使你对一切都失去兴趣与热忱。能够有个健康的身体，附之以健康的精神，并且能在两者之间保持良好的平衡，这就是人生最大的幸福。

儒家有句名言："修身齐家治国平天下"。这里的"修身"主要指正心或修德，但与健康长寿是有内在联系的。儒家认为实现家庭和社会的和谐，应以人人修身为开始，只有成为一个健康的人，具有健康的品德、健康的心态、健康的身体，并懂得和掌握和谐道理的人，才能更好地齐家治国平天下。

老子也说过，"爱以身为天下，若可托天下"，就是说你为天下（人民）珍惜健康，天下（人民）才能托付给你。反之，一个不珍爱健康的人，怎么能承担大事？从这个角度来看，中国古代的思想家、杰出的政治家大多也都是修身养性的保健大家。现代社会，人们更是将健康作为人生的第一要务来践行。

生活中，你是否会发现一些本来很有作为、有知识、有天赋的人，却被不良的健康状况所羁绊，以至于终身壮志难酬。他们空有很大的精神能力，却没有充分的体力作为后盾，虽有凌云壮志，却没有充分的力量去实现，这绝对是人世间最悲惨的事情。

不良的身体，衰弱的精神，不知造成了多少人间悲剧，破坏了天下多少家庭。一个有一分天才的身强体壮者所取得的成就，可以超过一个有十分天才却身体羸弱者所取得的成就。我们需要的是有一个健康而强壮的身体。

健康体魄可以增强人们各部分机能的力量，使其效率、成就较之体力衰弱的时候大大增加。强健的体魄,可以使人们在事业上处处得到好处,得到帮助。

凡是有志成功、有志上进的人,都应该爱惜、保护身体的健康,而不使之有稍许浪费,因为身心健康的无端浪费,将可能减少我们人生或事业成功的可能性。

睡出健康来

> 健康无疑是成功的保障。因此，注意自己的身体，保证它的健康。充足的睡眠无疑是健康的最大保证。

我国伟大的数学家陈景润，每天深夜都伏案工作，这种亢奋状态在他看来是"我不困，应该起来工作"。这种精神虽然值得人们钦佩，但这种对健康的透支方法，却是不可取的。众所周知，陈景润先生后来得了帕金森症，而这不能不说跟他长期处于亢奋状态却又长年缺乏睡眠的习惯有一定的关系。这种不良习惯的后果就是对他身体的健康进行了劫掠性的透支，以致危及他的生命。

要想在生命中有大成就，就必须懂得"珍爱自己"。尽一切努力让自己的身心健康，从拥有充足的睡眠开始，进而让自己能够最大限度地发挥才干。

　　休息的方法有许多种，其中睡觉是最容易消除疲劳的方法之一。科学已经证明，消除大脑疲劳最有效的方法就是睡眠。睡觉的时候身体各部分都处于休息状态，以此来保证睡醒以后所需的精力。人们得不到充分的睡眠就无法恢复精力，这会妨碍我们第二天正常地发挥能力。

　　睡眠，最足以使人消除精神的疲劳。即使你暂时不能入睡，但只要闭上眼睛，做几个深呼吸，不去想其他烦心事，几分钟后，你便会觉得头脑清醒，精神振作，身心松弛。这种习惯对健康非常有益。爱迪生能持久工作，不思睡眠，这全在于他能充分利用短时间进行完全的休息。他晚上在实验室中，常常工作至早晨三四点钟，天将破晓时，他就以书籍为枕，横卧在实验桌上，摆脱一切思虑，充分休息。虽然这样他只能睡很少的时间，但却足以使他恢复精力，头脑清醒。这比长时间的似睡非睡还要舒服，醒后，他仍旧继续工作，不知疲倦。

　　睡眠的多少及睡眠的质量不但会影响人类的健康，也影响人类的生活质量。养成良好的睡眠习惯，能让你更有精力工作，身体更健康。

　　要知道"健康的体魄来自睡眠"，这是科学家新近提出的观点。没有睡眠就没有健康，睡眠是人类生活节奏中一个重要组成部分。睡眠不足，不但身体消耗得不到补充，而且由于激素合成不足，会造成体内外环境失调。更重要的是，睡眠左右着人体免疫功能。

美国佛罗里达大学的免疫学家贝里·达比教授领导研究小组对睡眠、催眠与人体免疫作了一系列研究，并得出结论说："睡眠除了可以消除疲劳，使人体产生新的活力外，还与提高免疫力、抵抗疾病的能力有着密切关系。"

失眠使人感到疲劳和焦虑，害怕失眠会影响健康，其实影响健康的不是不能入睡，而是焦虑。焦虑会阻碍人安静地休息，使人入睡更为困难。据生理学家观察，不能入睡时只要放松全身肌肉，闭目静卧床上，机体所消耗的能量和产生的有害物质与熟睡时相差无几。所以，失眠时不要焦虑。预防失眠，在临睡前不要喝浓茶、咖啡，不饮烈性酒，不吸烟，不看惊险小说、电视，以免过度兴奋影响入睡。特别是中老年人，睡前先热水坐浴、泡足，然后再喝一杯热牛奶，这对睡眠是有益的。

睡眠的充足与否，除对精神有影响外，对于女性也有直接的影响。有一句话说得好：漂亮的女人是睡出来的。皮肤的光洁柔滑与否，与睡眠也有很大的关系。睡眠不足，很可能会引

第五章　拥有健康

起身体血液循环的不正常，使皮肤表面毛细血管代谢失调。在睡眠中补充营养，让水分不再散失。

在夜间我们的睡眠要经过深度睡眠、做梦和浅度睡眠。在深度睡眠过程中我们彻底放松并很难被唤醒，第一个深度睡眠阶段是在睡着后不久就达到的。因此，刚入睡时的睡眠是休养作用最好的，睡得越晚，深度睡眠时间越短。一个成年人的深度睡眠只占其整个睡眠时间的15%~20%，也就平均90分钟。所以，女性更应珍惜这段时间，让它给你的肌体充足的时间和机会好好修养，借睡眠来保持美丽的容颜。

戒除影响健康的生活习惯

> 习惯，是人们平日生活中做事、思考问题或行为举止的不自觉的方式方法。

例如，有的人喜欢喝热水，有的人习惯喝凉白开，这就是两种截然不同的习惯。习惯有好有坏，但很多习惯看起来不起眼，却会给你的生活带来无穷的烦恼。

开灯睡觉

有些人认为寝室太暗无法入睡，因为黑暗给人们一种不安的情绪。很多婴幼儿对此表现尤为明显。但开灯睡觉更容易造成学龄前儿童眼睛近视。如今，美国学者提出婴幼儿夜间在开灯的房间内睡眠会受到灯光的伤害。儿童眼睛近视率与儿童在婴幼儿时期夜间睡眠灯光照射状况成正比。

第五章 拥有健康　　　　　　　　　　　　　　　　　209

起床先叠被

很多人习惯一起床就把被子叠好。其实这是一种错误的做法。实际上，人体本身也是一个污染源。在一夜的睡眠中，皮肤会排出大量水蒸气，使被子不同程度地受潮。人的呼吸和分布全身的毛孔所排出的化学物质有145种之多，从汗液中蒸发的化学物质有151种。被子吸收或吸附水分和气体，如不让其散发出去，就立即叠被，易使被子受潮及受化学物质污染。

起床后，可将被子翻过来，晾1个小时左右再叠被子，还要定期晒被子，才能保证被子在睡眠的时候为你提供一个健康的环境。

不吃早餐

社会节奏整体加快，从一早便能看到忙碌的身影，这其中有很多人为了节省时间而省略早餐。

不吃早餐的人通常饮食无规律，容易感到疲倦，头晕无力，天长日久就会造成营养不良、贫血、抵抗力降低，并会产生胰、胆结石。

把吃早餐当成一种必需的作业来完成，特别是那些正在减肥的女性最好请教专业人士进行早餐食谱的设计，这将对她们的减肥计划很有帮助。

用饮料送服药物

吃药不当会使病情恶化，特别是随便将饮料与药物搭配。饮料内的化学成分会与药物内的化学物质发生反应，一旦反应有害，就会后患无穷。

正确的做法是，白开水搭配药物服用是最佳选择。对于小孩子来说，如果药物的味道难以接受，可以给他们加点儿白糖。而对于工作繁忙的白领来说，无论怎样，都要抽出2分钟的时间倒一杯开水，换上白开水再吃药。

穿袜入睡

当天气变冷时，有些人因为脚尖发冷而无法入睡，他们往往选择套上袜子睡觉。

穿着袜子睡觉，袜子会阻碍脚部热量扩散，而这些无法扩散的热量会让全身发热，使人们在起床后感到疲倦。

如果因为脚尖发凉而无法入睡，可以套上脚套睡觉，这样可以使脚背的血管保持一定的温度，从而对付凉症。或者睡觉前用暖水袋将脚部温暖一下，睡前再取出来。

饭后即睡

吃饭，尤其是吃饱后，人体血液，特别是大脑的血液流向胃部，由于血压降低，大脑的供氧量也随之减少，造成饭后极度疲倦，易引起心口灼热及消化不良，还会发胖。很多老年人，特别是高血压病人，血液原已有供应不足的情况，饭后倒下便睡，这种静止不动的状态，极易发生中风的危险。

饭后休息一段时间再入睡才是正确的，建议午饭后休息半小时再午睡。

吃得过饱

许多人吃饭的时候都爱吃得饱饱的，长期吃得过饱容易引起记忆力下降，思维迟钝，注意力不集中，应变能力减弱等。"吃饭七分饱，平安一辈子"就是这个道理。尤其是过饱的晚餐，因热量摄入太多，会使体内脂肪过剩，血脂增高，导致脑动脉粥样硬化。

蓄须

现在很多张扬个性的男人喜欢留着常常的胡须。其实，胡子具有吸附有害物质的性能。当人呼吸的时候，被吸附在胡子上的有害物质就有可能被吸入呼吸道内。据对留胡子的人吸入的空气成分进行定量分析，发现吸进的空气中含有几十种有害物质，其中包括甲苯、丙酮等多种致癌物，留有胡子的人吸入的空气污染指数，是普通空气的4.2倍。如果下巴留有胡子，又留八字胡，其污染指数可高达7.2倍。再加上抽烟等因素，污染指数将高达普通空气的50倍。

所以，追求健康的男士每天都要养成刮胡子的习惯，如果非要留胡子，也尽量留短留少，并且每天梳理、清洁。

热水沐浴时间过长

许多人认为洗澡时间越长越舒服，这样才会特别解乏。

其实，他们不知道，在自来水中，氯仿和三氯化烯是水中容易挥发的有害物质，由于在淋浴时水滴会更多地和空气接触，从而使这两种有害物质释放很多。据有关资料显示，若用热水盆浴，只有25%的氯仿和40%的三氯化烯释放到空气中；用热水沐浴，释放到空气的氯仿就要达到50%，三氯化烯高达80%。

为减少淋浴时间，买个定时器放在浴室内，每次淋浴以不超过10分钟左右为宜。

第五章　拥有健康

坏习惯毁健康

健康是吃出来的，也是你的生活习惯培养出来的。你必须拥有正确的健康观念。如果你的健康观念是错误的，那么你的做法必定也是错误的，每天以错误的方法对待自己的身体，身体必然因此遭受损害，导致疾病或使疾病加重。

日常生活中，这些错误的观念具体表现为：

饿了才吃

工作忙碌、事务繁杂，使得许多人不按时就餐，而且有相当一部分人不吃早餐，理由就是"不饿"。其实，食物在胃内仅停留4~5小时，感到饥饿时胃早已排空。此时，仍然空空如也的胃黏膜会被酸性极强的胃液"自我消化"，引起胃炎或消化性溃疡。饮食规律、营养均衡是养生保健必不可少的物质基础。

渴了才喝

平时不喝水、口渴时才饮水的人相当多。他们不了解渴了是体内缺水的反应，这时再补充水分已经为时已晚。水对人体代谢比食物还重要，每个成年人平均每天需饮水1500毫升左右。晨间或餐前1小时喝一杯水大有益处，既可洗涤胃肠，又有助于消化，促进食欲。有经常饮水习惯的人，便秘、尿路结石的患病率明显低于不常饮水的人。

累了才歇

许多人误以为累了是应该休息的信号，其实是身体已经相当疲劳的"自我感觉"，此时休息已经为时过晚。过度疲劳容易积劳成疾，降低人体免疫力，使疾病乘虚而入。不论是脑力还是体力劳动者，在连续工作一段时间后，都要适当地休息或调整。

困了才睡

困倦是大脑相当疲劳的表现，不应该等到这时才去睡觉。按时就寝不仅可以保护大脑，还能提高睡眠质量，减少失眠。人的一生约有1／3时间是在睡眠中度过的，睡眠是新陈代谢活动中重要的生理过程。只有养成定时睡觉的习惯，保证每天睡眠时间不少于7小时，才能维持睡眠中枢生物钟的正常运转。

急了才排

很多人只在便意明显时才去厕所，甚至有便不解，宁愿憋着，这样对健康极为不利。大小便在体内停留过久，容易引起便秘或膀胱过度充盈，粪便和尿液内的有毒物质被人体重新吸收，可导致"自身中毒"。因此，应养成按时排便的习惯，尤以晨间为好，以减少痔疮、便秘、大肠癌的发病机会。

病了才治

疾病应该以预防为主，等疾病上身，已经对身体造成危害。疾病到来时都是有信号的，比如，人们常说的亚健康状态就是疾病的前奏。平时应该加强锻炼，提高自身抵御疾病的能力，感到身体出现亚健康，就要引起注意，把疾病消灭在萌芽状态。

常用健身方法

> 成龙8岁进入（中国）香港电影圈，经过40多年的打拼，如今在好莱坞又搏出一片天空，成为扬名国际的巨星。已到知天命之年的成龙，身高1.73米，体重63公斤，保持了非常健硕的身材和飒爽的身姿，他的健康心得是："不偏饮偏食，坚持运动，每日出汗是保持健康活力的原则。"

医学之父西波克拉底说过："阳光、空气、水和运动，是生命和健康的源泉。"可见运动对于生命和健康的重要性。现在，随着大家对健康意识认识的提高，运动健身已被大多数人所认可和接受。现在还整天处于忙碌中的你还在犹豫些什么，赶快拿起你的运动鞋，一起来运动吧。

走路

走路既健身又健脑，是最简单有效的健身之道。我国自古就有"走为百练之祖"的健身经验谈，其中传统医学认为，双

第五章 拥有健康

脚是人体的健康之根。走路刺激脚底穴位，能舒筋通络，活血顺气，强身健体。同时，现代运动医学研究也证实：走路时，骨骼、肌肉、韧带、神经末梢都要参加运动，从而促进血液循环，调节大脑皮层的活动功能，促使身体各种激素分泌，使人心情愉悦。最新的医学研究表明，一周健步走7小时以上，可以降低20％乳腺癌、30％心脏病和50％糖尿病的罹患率，而中老年人每天散步2.4公里以上，心脏病发作率将降低50％。

走路运动不花钱、没危险。只要每天多走路、少坐车或沙发，只要你把走路当作一项锻炼来对待，其健身效果绝对令你喜出望外。

跑步

跑步是基本的活动技能，是人体快速移动的一种动作姿势。跑步和走路的主要区别在于两腿在交替落地过程中有一个腾空阶段。跑步是最简便而易见实效的体育锻炼项目。近二三十年来，跑步已成为国内外千百万人参加的群众健身运动，是深受广大群众所欢迎的锻炼项目。人们普遍认为跑步是最好的健身方法。跑步可以促进身体最根本性的器官的健康，增强心、肺、血液循环系统及其耐久力，而心血管系统的健康是身体健康的最重要标志。

踮脚

踮脚，最简单易行的健身运动。人们每当久坐或久站后，常会感到下肢酸胀、乏力。而从事站立工作的人，日久更易发生下肢静脉曲张，重者可出现下肢皮肤色素沉积，经久不愈的溃疡等，这是下肢血液回流不畅所致。

人体下肢血液回流，最主要靠踮脚跟时双侧小腿后部肌肉的收缩挤压。据测定，双侧小腿肌肉每次收缩时挤压出的血量大致相当于心脏的每搏排血量，故被誉为"人体的第二心脏"。当你久坐或久站时，可有意识地做踮脚运动。具体方法：双足并拢着地，用力踮起脚跟，然后放松，再重复。次数及间隔时间可酌情决定。

健美操

健美操以娱乐与健身为目的，重在锻炼价值，要求难度低，重复次数多，使练习后轻松自如，达到再现自我的效果；健美操主要采用各种体操和舞蹈动作并配以节奏明快的音乐创编而成，同时根据练习者的实际情况进行有氧锻炼。

健身舞

健身舞，如迪斯科和扭秧歌，是我国城乡广大群众所喜爱的文体娱乐活动。健身舞多是传统健身术、民间舞蹈、日常生活动作与音乐相结合的产物。自古以来,"舞"就是一种健身活动,而音乐又是表达思想感情的特殊方式。两者融为一体会使人产生欢乐而振奋的情绪,同时产生了对健身舞练习的喜爱。因此,健身舞广泛地吸引着民众的参与,成为男女老幼皆喜爱的健身活动。

垂钓

钓鱼是一种有趣的娱乐活动和有益于身心健康的体育活动。一年四季均可钓鱼,但一般在春、秋两季钓鱼最为合适,冬季在冰上钓鱼也别有一番风味。现在,也有人把钓鱼作为医治神经衰弱或某些慢性病的辅助疗法,因经常活动于空气新鲜、风景秀丽的海滨、湖畔或江河边,可陶冶身心,有益于健康。

家用健身器

在健身健美器具中,功率自行车、跑步器和划船器倍受人们欢迎,已成为世界性较为普及的健身健美器具。它们的共同优点是:价格便宜、占地面积小、易学易练、老少皆宜、安全性好、无噪声等。因此,这些健身器被人们引进了家庭,用于经常性锻炼。

随时随地都可以锻炼身体

提到体育运动,人们就会想到走、跑、跳、蹦。其实运动无处不在,只要掌握正确方法,坐着也能健身。

椅子健身

全身放松,上体直立坐于椅子上,双臂自然下垂,头部先前倾、后仰、左右转倾,再从右至左转动一圈为一次,第二次反方向转动,各转三次;双臂伸向体后,十指交叉,掌心向外,两臂尽量后伸,胸部展开,该姿势静力保持3~5秒;人坐在椅子前端,两腿屈前伸支撑,两手撑扶椅座两侧,尽量伸展腰部和扩展胸部;正坐在椅子上,扭转上体,先向左转,再向右转,各转10次,转动幅度要大;坐在椅子上,双手抱单腿屈膝,使大腿贴近胸部,停留片刻,放下再换另一条腿,各抱

第五章　拥有健康

5～10次；正坐在椅子上，两眼目视前方，双手抓扶椅座，两腿伸直向上抬起，与地面平行，脚尖绷直，停留3～5秒腿放下，然后再继续举腿，做5～10次。锻炼者可以利用空闲时间每天做1～2次，如果能6种方法一起进行效果将更佳。

椅子健身虽然简单，但能起到舒解放松的作用，尤其适合长期伏案工作者，它能使长时间伏案低头、弯腰弓背的紧张状态得到放松，消除局部疲劳，而且椅子健身适应范围广，如家里、办公室等。

办公室内的健身术

办公室内的职员，经常久坐工作，造成大脑缺氧和营养供应不足，易引起头昏、乏力、失眠、记忆力减退等症状；使患心脏病和肺部疾病的机会增多；使腹部肌肉松弛，腹腔血液供应减少，胃肠蠕动减慢，各种消化液的分泌减少，从而引起食欲不振、腹胀、便秘等。

为了身体健康，更好地工作，办公室内的工作人员应因地制宜，加强健康运动：

1.梳头

用手指代替梳子，从前额的发际处向后梳到枕部，然后弧形梳到耳上及耳后。梳头10～20次，可改善大脑血液供应，健脑爽神，并可降低血压。

2.弹脑

端坐椅子上，两手掌心分别按两只耳朵，用食指、中指、无名指轻轻弹击脑部，自己可听到咚咚声响。每日弹10~20下，有解除疲劳，防头晕、强听力、治耳鸣的作用。

3.扯耳

先左手绕过头顶，以手指握住右耳尖，向上提拉14下，然后以右手绕过头顶，以手指握住左耳尖，向上提拉14下，可达到清火益智、心舒气畅、睡眠香甜的效果。

4.练眼

在做视力集中工作时，每隔半小时，远望窗外一分钟，再以紧眨双眼数次的方式休息片刻，也可做转眼珠运动。这样有利于放松眼部肌肉，促进眼部血液循环。

5.脸部运动

工作间隙，将嘴巴最大限度地一张一合，带动脸上全部肌肉以至头皮，进行有节奏的运动。每次张合约一分钟左右，持续50次，脸部运动可以加速血液循环，延缓局部各种组织器官的"老化"，使头脑清醒。

6.转颈

先抬头尽量后仰,再把下颌俯至胸前,使颈背肌肉拉紧和放松,并向左右两侧倾10～15次,再腰背贴靠椅背,两手颈后抱拢片刻,能收到提神的效果。

7.伸懒腰

可加速血液循环,舒展全身肌肉,消除腰肌过度紧张,纠正脊柱过度向前弯曲,保持健美体型。

8.揉腹

用右手按顺时针方向绕脐揉腹36周,对防止便秘、消化不良等症有较好效果。

9.撮谷道

即提肛运动,像忍大便一样,将肛门向上提,然后放松,接着再往上提,一提一松,反复进行。站、坐、行均可进行,每次做提肛运动50次左右,持续5～10分钟即可。提肛运动可以促进局部血液循环,预防痔疮等肛周疾病。

10.躯干运动

左右侧身弯腰,扭动肩背部,并用拳轻捶后腰各20次左右,可缓解腰背佝偻、腰肌劳损等病症。

居家地板健身运动

拥有紧实的大腿：侧卧在地板上，下腿伸直放松置于地板上，上腿绷紧并向上抬起，用力上抬时配合吐气，并保持身体前后平衡。

预防腰痛及臀部训练：仰卧躺在地板上，弯曲膝盖，两脚分开与腰同宽，双手放在身体两侧，开始吸气。一边吐气，一边让臀部用力，来抬高腰部。切记在臀部落下时，不能接触地板。

体侧腰部运动：身体侧坐，单手扶在脑后，另一手置于体侧，吸气。一边吐气，一边抬高脑后手臂的手肘，使体侧部位伸直。本动作可以伸展体侧两边的肌肉，使腰部变细。

腹部运动：平躺在地上或床上，双腿并拢抬高，与地面大约成45°，双手扶在脑后，运用腹部的力量将头部及肩膀抬起，同时双腿并拢向内缩，让头部与膝盖尽量触碰在一起。这个动作可以有效消除腹部赘肉，缩紧上腹部和下腹部的肌肉。

举手投足皆健身

结合生活中的各种活动去进行相应的健身锻炼，既节省时间，又避免了激烈运动带来的伤害。

早晨醒来的时候，先揉揉眼，搓搓脸，用手向后梳头发，然后再把枕头垫在背后，两手向后伸直并伸展身体，做仰卧起

第五章 拥有健康

坐3次。躺在被窝里伸个懒腰或把腹部往上挺几挺，还可翻身爬起来，像猫儿"长身"那样用力拱拱腰，使腰背和四肢的肌肉尽量伸展一下。

穿衣服时，两手在背后相握，伸直手时同时挺胸；上半身自然下垂，两手左右摆，同时腰部向左右扭转；两手抱头将头部下压，同时吐气，抬头时吸气。

穿好裤子做快速深蹲，两脚开立，与肩同宽，下蹲和起立时挺胸直腰，两手平举，两腿均匀用力，蹲要蹲到底，起要起得快。开始时轻跳几次，然后可换为原地连续轻跳，这样，既增强了腿部力量，同时还锻炼了心脏，提高心肺功能。

起床后做10次俯卧撑，100次原地踏步高抬腿，甚至贴墙做倒立，这样既可增强上肢力量，还能促进血液循环。

洗脸刷牙时可以做顶部及上体的回转运动、体侧运动，双手向下尽力做屈伸运动，不断蹲下再站起的膝关节屈伸运动。

上下楼更是一种很好的健身锻炼，上楼兼有走和跳的两方面力量，不仅使髋关节的活动度增大，下肢肌肉得到锻炼，而且能使全身的肌肉得到锻炼，能量消耗加大。经常上下走楼梯，能锻炼心脏，会使身体消瘦而变得苗条。

晚上临睡前，还可在床铺上做些仰卧起坐、俯卧撑，或进行四肢、腰背、腹部的按摩，还可搓搓脚心，以降虚火，补肾明目，减轻一天工作的疲劳。

  时间就像海绵里的水，只要挤，总还是有的。健身也同样如此，只要挤时间，总还是可以找到时间的。

第五章　拥有健康

不要讳疾忌医

在人的一生之中，疾病是在所难免的，必须求助于医生和各种医疗手段的帮助，包括健康指导和治疗。生命只有一次，讳疾忌医是人生旅程中最危险的大敌。

春秋时，蔡国有个著名的民间医生，叫秦越人。他医术高明，大家都很敬重他。一次，他见到一家死了人，尸首都已放了好几天了。他过去看了一下，询问了病人临死前的症状，断定这是假死，还能救活。扎针、灌药之后"死人"居然活过来了。从此，人民都用上古神医扁鹊的名字来称呼他。

蔡国国君蔡桓公听说自己的国中居然出了如此赫赫有名的人物，便召见扁鹊。

扁鹊得到命令，连忙去觐见桓公。他款步入厅，在桓公面前站了片刻，对桓公说："主公有病，病在皮肤，若不及时医治，恐怕要严重起来。"桓公一听，不快地摇头说道："孤家身体一向很好，没有病。"

扁鹊走后，桓公对左右冷笑道："做医生的，只会给没病的人看病，这才容易显示自己医术高明。"

过了10天，扁鹊又去拜见桓公。他来到桓公面前，看着他的脸色，忧郁地说："主公有病，病在血脉，若不抓紧医治，将会更加严重。"桓公心里十分不乐，扭头走了。扁鹊只好退了出来。

又过了10天，扁鹊又去拜见桓公，沉重地说："主公有病，病在肠胃，再不医治，将更加严重！"桓公听后，非常生气，命令左右将扁鹊赶了出去。扁鹊喟然长叹，摇头而去。

又过了10天，扁鹊第四次来见桓公，一见桓公，二话不说，急撤身而出。桓公见扁鹊这奇怪的举动，便派人去问，扁鹊说："病在皮肤，可用药水热敷；病到血脉，可用针灸治疗；病入肠胃，可用汤药；现在病入骨髓，没有办法了。"当晚，扁鹊整理行装，连夜向秦国逃去。

第五章　拥有健康

又过了两日，桓公浑身疼痛，果然病倒了。忙派人去找扁鹊，但是已经晚了，桓公就这样死去了。

蔡桓公虽然贵为国君，可是因为他不相信医生，最终还是害了自己。时过境迁，科学的快速发展虽然已经到了21世纪，但是蔡桓公讳疾忌医的情况却依然相当普遍地存在于我们的现实生活之中。下面的一组调查数字可以有力地证明这一结论：糖尿病如今已经成为当今社会的流行病，从1985年起，我国的患病率增加了5倍，但可悲的是，没有经过诊断和治疗的人数竟高达80%。也就是说知道自己得了糖尿病的人只有患病人数的1/5。这虽然不排除其他方面的因素，但是讳疾忌医肯定是重要的原因之一。

另外，在许多人的老观念中，春节期间是不能看病吃药的，否则新的一年"不吉利"。专家提醒，新春佳节不能讳疾忌医，否则可能因此而耽误治疗，加重病情。

其实，细心的朋友在现实生活中也可以了解到，春节临近，医院的门诊和住院患者均出现明显的下降趋势。一般每年春节都是这样，而春节刚刚过后医院又立即人满为患。就是因为很多人相信"过年不吃药"的说法，因此春节期间许多患者讳疾忌医，生病也不愿意到医院治疗，甚至一些需要长期服药的慢性病患者，在春节期间都会自己停药。

专家对此提出了自己的看法：在新春之际讳疾忌医，容易贻误治病的时机，甚至导致病情加重，既多花钱，又多受罪。所以在春节期间生病，也要及时到医院就诊，尤其是心脏、消化道、呼吸道、脑血管等疾病，这些疾病是要和"死神"抢时间的，千万不可因为一些迷信的说法而延误治疗。

因此，专家特别提醒，高血压病人须长期进行降压治疗，常用的降压药基本上须每天服用，停服一次往往就会使血压上升，加上春节时人们常常饮酒、聚会，活动增加而睡眠减少，容易导致血压升高。此外，患有糖尿病、脑血管等疾病，需要长期服药控制病情的患者不能随意停药。